KB009457

고슴도치도 제 새끼는
함함하다 한다지?

03 우리말에 깃든 생물이야기

고슴도치도 제 새끼는 함함하다 한다지?

초판 1쇄 발행일 2015년 3월 25일
초판 3쇄 발행일 2016년 9월 8일

지은이 권오길
펴낸이 이원중 **펴낸곳** 지성사 **출판등록일** 1993년 12월 9일 **등록번호** 제10-916호
주소 (03408) 서울시 은평구 진흥로1길 4(역촌동 42-13) 2층
전화 (02) 335-5494 **팩스** (02) 335-5496
홈페이지 지성사.한국 | www.jisungsa.co.kr **이메일** jisungsa@hanmail.net

ⓒ 권오길, 2015

ISBN 978-89-7889-299-5 (04470)
ISBN 978-89-7889-275-9 (세트)

잘못된 책은 바꾸어드립니다. 책값은 뒤표지에 있습니다.

이 도서의 국립중앙도서관 출판시도서목록(CIP)은 서지정보유통지원시스템 홈페이지
(http://seoji.nl.go.kr)와 국가자료공동목록시스템(http://www.nl.go.kr/kolisnet)에서
이용하실 수 있습니다. (CIP제어번호:CIP2015007940)

고슴도치도
제 새끼는
함함하다
한다지?

지성사

글머리에

스무 해 넘게 글을 써 오던 중 우연히 '갈등葛藤', '결초보은結草報恩', '청출어람靑出於藍', '숙맥菽麥이다', '쑥대밭이 되었다' 등의 말에 식물이 오롯이 숨어 있고, '와우각상쟁蝸牛角上爭', '당랑거철螳螂拒轍', '형설지공螢雪之功', '밴댕이 소갈머리', '시치미 떼다'에는 동물들이 깃들었으며, '부유인생蜉蝣人生', '와신상담臥薪嘗膽', '이현령비현령耳懸鈴鼻懸鈴', '재수 옴 올랐다', '말짱 도루묵이다' 등에는 사람이 서려 있음을 알았다. 오랜 관찰이나 부대낌, 느낌이 배인 여러 격언이나 잠언, 속담, 우리가 습관적으로 쓰는 관용어, 옛이야기에서 유래한 한자로 이루어진 고사성어에 생물의 특성들이 고스란히 담겨 있음을 알았다. 글을 쓰는 내내 우리말에 녹아 있는 선현들의 해학과 재능, 재치에 숨넘어갈 듯 흥분하여 혼절할 뻔했다. 아무래도 이런 글은 세상에서 처음 다루는 것이 아닌가 하는 생각에서였으며, 왜 진작 이런 보석을 갈고닦지 않고 묵혔던가 생각하니 후회막급이었다. 그러나 늦다고 여길 때가 가장 빠른 법이라 하며, 세상에 큰일은 어쭙잖게도 우연에서 시작하고 뜻밖에 만들어지는 법이라 하니…….

정말이지 글을 쓰면서 너무도 많은 것을 배우게 된다. 배워 얻는 앎의 기쁨이 없었다면 어찌 지루하고 힘든 글쓰기를 이렇게 오래 버텨 왔겠으며, 이름 석 자 남기겠다고 억지 춘향으로 썼다면 어림도 없는 일이다. 아무튼 한낱 글쟁이로, 건불만도 못한 생물 지식 나부랭이로 긴 세월 삶의 지혜와 역사가 밴 우리말을 풀이한다는 것이 쉽지 않겠지만 있는 머리를 다 짜내 볼 참이다. 고생을 낙으로 삼고 말이지. 누군가 "한 권의 책은 타성으로 얼어붙은 내면을 깨는 도끼다"라 설파했다. 또 "책은 정신을 담는 그릇으로, 말씀의 집이요 창고"라 했지. 제발 이 책도 읽으나 마나 한 것이 되지 않았으면 좋겠다.

"밭갈이가 육신의 운동이라면 글쓰기는 영혼의 울력"이라고 했다. 그런데 실로 몸이 예전만 못해 걱정이다. 심신이 튼

실해야 필력도 건강하고, 몰두하여 생각을 글로 내는 법인데.

이 책을 포함하여 최소한 5권까지는 꼭 엮어 보고 싶다. 이번 작업이 내 생애 마지막 일이라 여기고 혼신의 힘을 다 쏟을 생각이다. 새로 쓰고, 쓴 글에 보태고 빼고 하여 쫀쫀히 엮어 갈 각오다. '조탁'이란 문장이나 글 따위를 매끄럽게 다듬음을 뜻한다지. 아마도 독자들은 우리말 속담, 관용구, 고사성어에 깊숙이 스며 있는 생물 이야기를 통해 새롭게 생물을 만나 볼 수 있을 터다. 옛날부터 원숭이도 읽을 수 있는 글을 쓰겠다고 장담했고, 다시 읽어도 새로운 글로 느껴지며, 자꾸 눈이 가는, 마음이 한가득 담긴 글을 펼쳐보겠다고 다짐하고 또 다짐했는데, 그게 그리 쉽지 않다. 웅숭깊은 글맛이 든 것도, 번듯한 문장도 아니지만 술술 읽혔으면 한다. 끝으로 이 책에서 옛 어른들의 삶 구석구석을 샅샅이 더듬어 봤으면 한다. 빼어난 우리말을 만들어 주신 명석하고 훌륭한 조상님들을 참 고맙게 여긴다.

차례

뽕 내 맡은 누에 같다

누에는 누에나방과에·속하는 누에나방*Bombyx mori*의 애벌레(유충)
다. 중국에서는 이미 5000여 년 전에 누에치기를 시작하였으
며, 동쪽으로는 한국과 일본에 서쪽으로는 인도와 서양에 전
해졌다 한다. 누에 몸통은 원통형으로 몸은 13마디고 머리, 가
슴, 배 이렇게 세 부분으로 나뉜다. 다리는 가슴마디에 세 쌍,
배마디에 네 쌍이 있으며 제11마디 등 쪽에 뾰족한 뿔인 미각
尾角이 우뚝 서 있다. 몸은 젖빛을 띠며 연한 키틴질 껍질로 덮
여 있어 감촉이 부드럽다. 누에 살은 참참하고 매끈하여 지금
도 손끝에 그 감각이 느껴지는 듯하구나!

　누에나방의 한살이는 알, 애벌레, 번데기, 어른벌레를 거치
는 완전변태(갖춘탈바꿈)를 한다. 네모꼴의 사포 같은 종이 위

에 알알이 뿌려 놓은 누에씨를 면사무소에서 받아 와 따뜻한 아랫목 방바닥에 놓아두면 눈에 겨우 보이는 누에 새끼들이 고물거린다. 알을 까고 나올 때 누에 크기는 3밀리미터쯤이고, 털이 보송보송 나고 검기 때문에 이를 '털누에' 또는 '개미누에'라 한다.

네 번의 허물을 벗고 5령齡 말이 되면 60시간쯤 걸쳐 2.5그램쯤 되는 자루 꼴인 하얀 고치를 짓기 시작한다. 고치는 번데기가 지낼 집으로 고치 하나에서 1.2~1.5킬로미터의 실이 나온다. 고치를 지은 지 70시간이 넘으면 누에가 번데기가 되고, 그로부터 12~16일이 지나면 나방이 된다. 곤충에서 번데기로, 다시 날개를 단 어른벌레(성충)로 변하는 것을 날개돋이(우화)라 한다. 고치 속에서 날개돋이한 나방은 주둥이에서 소화 효소를 내뱉어 고치 끝자락에 동그란 구멍을 내고 밖으로 나온다. 이때 나방의 몸은 뚱뚱하고, 회백색 털이 한가득 나 있으며, 빗살 모양의 더듬이를 가지고 있다. 이들은 입이 퇴화하여 아무것도 먹지 못하는데, 수놈은 날개를 세차게 떨면서 암컷을 찾아 헤맨다(날개 길이 수컷 18~21밀리미터, 암컷 19~23밀리미터). 500~600개쯤 되는 알을 가지런히 낳은 암나방과 짝짓기를 끝낸 수놈은 시나브로 죽고 만다. 우리가 먹는 번데기는 실이 잘 풀리라고 고치를 통째로 삶아 비단실을 뽑아내

고 남은 것이다.

그런데 어떤 때는 누에고치에서 누에나방이 아닌 기생파릿과의 쉬파리가 불시에 나온다. 누에기생파리가 슬며시 숨어드는 것을 조심해야 할 터! 누에를 돌볼 때 제일 신경 쓰는 것이 두 가지 있으니, 이슬 묻은 뽕잎 먹고 설사하는 것과 드나드는 방문의 발을 잘 살피는 일이다. 쉬파리는 난태생을 하는지라 누에고치에 알(쉬)이 아닌 새끼 구더기를 낳는다. 쉬파리 유충은 누에 몸을 뚫고 들어가 살을 파먹고 자라 번데기로 있다가 고치에 구멍을 내고 쉬파리가 되어 나온다. 이렇게 구멍 난 고치는 실이 토막토막 나 명주실을 뽑을 수 없다. 결국 사람 헛고생하게 만드는 쉬파리 놈이다.

큰 소쿠리에 수북이 담은 뽕잎을 마른 수건으로 애지중지 이슬을 닦아 누에에게 주면 누에들은 뽕잎에서 나는 시스 자스몬cis-jasmone 냄새를 맡고 무섭게 다가든다. 이 모습을 보면 설레발친다는 말이 맞다. 이렇게 뽕 내 맡은 누에가 정신없이 달려들 듯, 마음에 흡족하여 어쩔 줄 몰라 하는 모양을 "뽕 내 맡은 누에 같다"고 한다. 또 누에는 잎 가장자리부터 차근차근, 위에서 아래로 차례대로 착착 갉아 먹고는 다시 고개를 쳐들어 갉아 먹기를 반복하니, 일을 점차적으로 하나하나 처리해 감을 두고 "누에가 뽕 먹듯이"라 한다. 방 한가득 올려놓은 수천 마리의 누에들이 '방귀 잎'을 무쩍무쩍 갉아 먹을 때 내는 사각사각 소리가 꼭 가랑비 소리 같다. 누에가 어릴 때는 뽕잎을 송송 잘게 썰어서 주지만 어느 정도 자라면 잎째로 준다. 먹성이 좋아 특히 잠자고 나면 시장기를 느껴 옹골차게 잘 먹는다. 이것을 두고 "잠자고 난 누에 같다"라고 한다. 그런데 요새는 뽕잎이 아닌 인공 사료를 먹여 키운다고 한다.

누에는 버릴 게 하나도 없다. 비단과 번데기는 물론이고, 새까맣게 싸 놓은 똥은 거름으로 쓰는데 당뇨와 정력에 좋다 하여 대문짝만 한 선전이 하루가 멀다 하고 신문에 난다. 그뿐인가. 누에 몸에 팡이실을 심어 동충하초冬蟲夏草를 얻기도 한다. 유전자 조작을 한 누에에서 지름 10마이크로미터인 누에 실보다 굵고 야문 거미줄을 얻는가 하면, '슈퍼 실'을 만들어 방탄복을 만든다고도 한다. 참 여러모로 쓸모 있는 누에다!

누에가 머리를 꼿꼿이 치켜들고 죽은 듯 꼼짝 않고 잠을 자는 것을 두고 '누에잠'이라 하는데, 이것은 껍질을 벗기 위한 준비 과정으로, 보통 하루가 지나면 잠과 허물벗기(탈피)를 끝마친다. 알을 까고 나온 다음에 네 번 허물을 벗고 5령 말기에 고치 짓는 누에(새끼손가락만 한 것이 8센티미터에 이름)를 '넉잠누에'라 하는데, 그때는 몸빛이 누르스름해지고 살갗이 딱딱해지면서 행동이 둔해진다. 서둘러 마른 소나무 가지를 얼기설기 세워 두면 대뜸 가지로 스멀스멀 기어 올라가 모가지를 이리저리 흔들며 켜켜이 명주실을 얽어 고치를 만들고 그 안에 들어앉는다. 누에고치의 섬유단백질은 견섬유 또는 피브로인 fibroin이라고 하며 견사샘에서 게워낸다. 알고 보면 천적에게서 자기를 보호하려는 본능 행위인 것. 씨알 굵은 새하얀 고치들이 대롱대롱 매달린다. 그 멋진 잔상이 아직도 내 뇌신경에 매달려 있다니…….

이 밖에 "고치를 짓는 것이 누에다"란 말은 제 본분을 다해야 명실상부名實相符하게 된다는 뜻이다. 꽃을 못 피우면 꽃이 아니고, 노래를 못 부르면 새가 아니듯이 사람도 사람 행세를 하지 못하면 인두겁을 썼을 뿐 사람이라 할 수 있을까?

세월이 무상하다더니만 골목골목에서 부르짖는 "뻔, 뻔, 뻔 뻔뻔" 소리를 듣고 달려온 꼬마들이 "아저씨, 아저씨" 하면서 뒤따르던 풍경을 볼 수 없게 되었으니, 누에치기가 시들해진 탓이다. 제행무상諸行無常이라, 우주의 모든 사물은 영락없이 늘 돌고 변하여 한자리, 한 모양으로 머물러 있지 아니하는구나.

오이 밭에선
신을 고쳐 신지 마라

우리 속담에는 유독 오이가 들어간 것이 많다. "오이를 거꾸로 먹어도 제멋"이란 좋고 싫은 데엔 이유가 없고 사람의 개성은 모두 다르니 남의 일에 간섭하지 말라는 뜻이며, "오이씨 같은 버선발"은 버선 신은 여자의 발이 갸름하고 예쁜 것을 두고 하는 말이다. "오이는 씨가 있어도 도둑은 씨가 없다"는 마음을 잘못 먹으면 누구나 도둑이 될 수 있다는 뜻이고, "오이 덩굴에서 가지 열리는 법은 없다"는 그 아버지에 그 아들이란 속담과 같은 뜻이다. 오이를 흔히 '물외'라 하는데 '참외'와 구별하기 위해 쓰는 말이요, "오뉴월 장마철에 물외 크듯 한다"란 어린아이들이 무럭무럭 자라는 모양을 빗댄 것이다. 또 과전이하瓜田李下란 '오이 밭과 자두나무'를 이르는 말로, 과전불납리瓜田不納履와 이하부정관李下不整冠의 준말이다. 이는 "오이 밭에서 신을 고쳐 신지 말고, 자두나무 밑에서 갓을 고쳐 쓰지 말라"는 뜻이다. 의심 받기 쉬운 일은 애초에 피하는 것이 좋다는 말로 "까마귀 날자 배 떨어진다(烏飛梨落)"와 비슷하다.

오이Cucumis sativus는 박과의 한해살이 덩굴 식물로 박, 수박, 하눌타리, 참외 등도 같은 과로서 인도 북서부가 원산지며 3000년쯤 전부터 재배하였다. 마디마다 뻗어 나온 덩굴손은 줄기가 변한 것으로 용의 수염을 닮았다고도 한다. 그 덩굴손으로 다른 물체를 용수철처럼 창창 감아 매면서 원줄기가 고개를 치켜들고 기어오른다. 어찌하여 이런 신통한 기술을 지녔단 말인가. 덩굴 끝에 신경이 있을까? 옛날엔 호과胡瓜, 황과黃瓜, 왕과王瓜라 불렀다. 학명의 Cucumis는 라틴어로 '오이'란 뜻이고 sativus는 '재배종'을 뜻한다.

오이는 암수한그루요, 한 줄기에 암꽃과 수꽃이 따로 피는 단성화單性花다. 꺼칠꺼칠한 줄기에는 굵은 털이 많이 나고, 잎은 어긋나기하며, 긴 잎자루에 손바닥 모양을 하는 잎은 가장자리가 얕게 갈라지고 거친 톱니가 있다. 6~7월에 샛노란 꽃이 피고, 꽃잎은 다섯 장이며, 주름진 통꽃이다. 수꽃에는 수술이 세 개 있고 암꽃은 둥글고 긴 씨방 위에 봉긋 올라앉

앗으며, 한 줄기에 수꽃은 여럿이 피고 암꽃은 그 수가 적다. 과실은 씨방과 그것을 둘러싸고 있는 꽃받침이 합쳐져 발달한 것이다. 발생 초기에 꽃눈은 암술과 수술이 다 있는 양성화로 분화하지만, 그 뒤로 15일쯤 지나면 암꽃 또는 수꽃으로 나뉜다고 한다. 벌이나 땅벌 말고도 다른 여러 곤충이 꽃가루받이하는 충매화蟲媒花다.

농부들은 머리를 써서 하루가 멀다 하고 쑥쑥 크는 어린 오이를 길고 둥근 틀에 넣어 구부러지지 않고 쪽쪽 곧게 키워 시장에 내놓는다. 메줏덩이 같은 모난 수박도 그렇게 해서 만든 것. 바다생물 가운데 오이를 똑 닮은 것이 있으니 해삼이다. 서양 사람들은 해삼을 '바다 오이(Sea cucumber)'라 부른다. 참고로 오이, 가지, 참외, 호박 등에서 맨 처음에 열린 열매(꽃다지)는 따 주는 것이 좋으니, 영양기관이 충분히 자란 다음에 생식기관을 많이 얻자는 것이다. 소탐대실小貪大失이라고 작은 것을 탐하다가 큰 손실을 입는다.

열매는 어릴 때는 초록색이었다가 늙으면 누런 갈색으로 바뀌며, 품종에 따라서 껍질에 우둘투둘하고 자잘한 가시 돌기가 나서 맨손으로 만지면 따갑지만 오이가 익어 씨가 여물면 시나브로 그것이 없어지니 이는 다른 동물에게 "나를 먹고 가서 씨앗을 멀리, 널리 퍼뜨려 달라"는 꼼수라 하겠다. 오이는 보통 크게 세 품종으로 나누는데 슬라이스형은 어린 것을 먹기 위해 기르는 품종이고, 피클형은 소금물과 식초 섞은 물에 담아 피클을 담으며, 온실형은 다른 것들보다 달고 맛이 좋고 껍질이 얇고 소화가 잘 된다.

오이에는 쿠쿠르비타신cucurbitacin이라는 씁쓰름한 맛이 나는 성분이 들었는데, 특히 오이 꼭지에 많아서 "오이를 거꾸로 먹어도 제멋"이라는 속담의 근거가 된다. 일종의 스테로이드steroid 물질인데 재배하는 과정에 질소 비료를 지나치게 썼거나 가뭄이 들었을 때 특히 더 씁쓰름하며, 열에 매우 강하여 가열해도 없어지지 않는다. 이것은 오이, 수박, 참외, 멜론, 호박, 박 등의 박과 채소에 생긴다. 대개 그렇듯이 자기를 뜯어 먹으려고 드는 초식동물을 방어하기 위해 생성한 물질로 다른 동물에게 해로운 독이 된다. 박과 식물 말고도 베고니아, 찔레꽃, 독버섯 등 수많은 동식물이 이 물질을 가지고 있어서 천적을 쫓는 데 쓴다.

우리가 주로 먹는 오이는 백다다기오이, 취청오이, 가시오이 등이고, 늙어 누렇게 익은 것을 '노각'이라 한다. 오이는 오이지, 냉국, 무침, 소박이, 피클, 깍두기 등 여러 요리에 쓰인다. 여름에 노각 속에 고기를 다져 넣고 맑은장국으로 끓인 오이무름국은 별맛 중의 별맛이다. 오이는 약 90퍼센트가 수분이어서 갈증 해소에 좋고, 숙취나 두통에도 효과가 있으며, 허기를 사시게 한다. 또 비타민 B와 엽산, 칼슘, 철, 마그네슘, 칼륨 같은 영양소를 가지고 있어 피로 회복에 좋다.

이 밖에도 오이는 미용에도 널리 쓰이는데, 오이를 어슷썰기하여 얼굴에 촘촘히 얹어놓으면 피부를 촉촉하게 하고 미백하는 효과가 있으며, 피부노화 방지에 좋다 하고, 입 냄새가 날 때 오이 조각 하나를 혀에 얹어 입천장과 맞닿게 하여 30초만 있으면 냄새가 가신다.

생활에도 쓰임새가 많아서 가로썰어서 김이 서린 욕실 거울을 문지르면 김이 말끔히 지워지고, 깡통 속에 오이 몇 조각을 넣고 베란다나 화단에 놓아두면 까탈을 부리는 달팽이나 민달팽이가 들어가기에 놈들을 없앨 수 있으며, 또 알루미늄 통에 오이 조각을 넣어 두면 알루미늄과 오이가 반응하여 벌레가 싫어하는 화학물질이 생겨 벌레를 쫓는다. 어디 그뿐인가. 구두에 쓱쓱 바르면 광택이 나고, 삐걱거리는 돌쩌귀에 오이즙을 떨어뜨리면 삐걱거리는 소리가 없어지며, 수도꼭지나 싱크대를 문지르면 얼룩이 지워지고 윤기가 나고, 벽의 낙서나 잘못 쓴 글씨를 지울 때도 오이 조각으로 문지르면 된다. 어허, 쓸모가 많은 오이로구려!

고슴도치도 제 새끼는 함함하다 한다

우리나라 고슴도치*Amur hedgehog*는 유럽고슴도치와 겉모습이나 생활 습관이 비슷하지만 몸빛이 짙은 편이다. 원산지는 아무르 지역이며 러시아, 중국, 한반도에 살고, 세계적으로 5속 17종이 있다. 고슴도치의 옛말은 '고솜돝'이며, 우리나라 포유류 가운데 유일하게 가시를 지니고 있다. 귀는 작고 네 다리는 아주 짧고, 몸통은 통통하며 둥근 편이다. 머리는 검은 갈색이고 어깨와 몸 옆면과 네 다리와 꼬리는 갈색이며, 배 쪽 유두가 있는 부분은 밝은 갈색이다. 배와 꼬리와 네 다리를 빼고 몸이 뾰족한 가시로 덮여 있고, 등에는 붉은 갈색의 고리 무늬가 있는 바늘과 흰색 바늘이 섞여 나 있다. 몸무게는 0.6~1킬로그램, 몸길이는 23~32센티미터, 꼬리 길이는 18센티미터다.

뭐니 뭐니 해도 고슴도치의 특징이라면 예리한 가시를 봄에 한가득 빽빽하게 차려입고 있는 점이다. 가시는 5밀리미터쯤이며 털이 변한 것으로, 바늘 가운데는 공기가 들어 있어 비었으며, 주성분은 털과 같은 케라틴이다. 이렇게 전신에 바늘이 난 모습은 돼지 주둥이를 한 호저나 단공류單孔類인 바늘두더지와 닮았다. 고슴도치 바늘은 특별한 독이 없고, 호저처럼 몸에서 쉽게 빠지지 않지만 심한 스트레스를 받거나 병에 걸리면 송두리째 빠지는 수가 있다 한다. 허겁지겁 네 다리를 배에 모아 단숨에 몸을 또르르 둥글게 말아 웅크리면 딱딱한 공 모양이 되며, 바늘이 밖으로 삐죽삐죽 솟는데, 머리와 발과 배는 가시가 덮여 있지 않다. 등짝에 있는 두 개의 큰 근육으로 가시 5000~6500개를 세우거나 눕히는 것을 조절한다.

암수 단독 생활을 하면서 번식기에만 잠깐 짝을 이루며 한 해에 한 번 6~7월에 2~4마리의 새끼를 낳는다. 다른 동물이 그렇듯 수놈이 새끼를 물어 죽이는 수도 더러 있다. 수명은 평균 4~7년이지만 먹을 것이 풍부하면 10년도 너끈히 산다. 새끼는 눈이 먼 채 태어나고, 가시가 얇은 막에 덮여 있는데 시간이 지나면서 막은 꾸덕꾸덕 말라 버리고 가시가 겉으로 드러난다.

"고슴도치도 제 새끼는 함함하다 한다"는데, 고슴도치도 제 새끼 몸에 소복이 난 가시가 부드럽고 기름이 자르르 흐른다고 두둔하며 편든다니, 자기 자식의 나쁜 점은 모르고 도리어 자랑으로 삼는다는 말. 어버이 눈에는 제 자식이 다 잘나고 귀여워 보이는 법. 알토란 같은 자식들, 눈에 넣어도 아프지 않은 자식들이 아닌가. '함함하다'를 사전에서 찾아보니 털이 보드랍고 반지르르하다거나 소담하고 탐스럽다고 쓰여 있다. 비슷한 속담에 "고슴도치도 제 새끼가 제일 곱다고 한다"는 것이 있으니 칭찬받을 만한 일이 못 되더라도 좋다고 추어주면 누구나 기뻐한다. 또 "고슴도치도 살 동무가 있다"란 누구에게나 친하게 지낼 친구가 있기 마련이라는 말이요, "고슴도치 오이 따서 걸머지듯"이란 빚을 많이 짊어짐을 비유한다.

고슴도치는 야밤에 돌아치는 야행성이라 낮에는 덤불이나 풀, 바위굴, 땅굴에 숨어서 낮잠을 자지만 여름 장마철에는 먹이를 찾아 낮에도 유유히 어슬렁거리며 돌아다닌다. 닥치는 대로 먹는 잡식성으로 곤충, 달팽이, 민달팽이, 도마뱀, 개구리, 두꺼비, 뱀, 새알, 동물 사체, 버섯, 풀뿌리, 딸기, 멜론, 수박 등을 먹는다. 반대로 맹금류인 올빼미나 여우, 늑대의 먹잇감이 된다.

녀석들은 고지대, 늪지, 개발 지역을 빼고는 어디에나 산다. 혼합림이 우거진 외진 산자락의 풀이 많이 난 후미진 계곡이나 숲 지대와 나무가 없는 열린 지대의 경계 지역에서 산다. 사람을 다치게 하는 위험한 종이거나 피해를 주는 말썽꾸러기는 아니다. 겨울엔 잡목의 뿌리 밑이나 산속에 말라 죽은 나무줄기 속에 마른 잎과 이끼를 두둑이 깔아 몸을 감출 보금자리를 만들고 겨울잠을 잔다.

늦가을에 필자가 고슴도치와 조우한 이야기다. 우리 텃밭의 물고랑 아래에 흙모래가 쓸려가지 않게끔 허방처럼 둥그렇고 깊게 구덩이를 파놓았다. 밭을 지나치려는데 느닷없이 구덩이 안에서 부스럭거리는 소리가 들려 들여다봤더니만 고슴도치 놈이 고개를 치켜들고 발버둥을 치고 있지 않은가. 나한테 그만 딱 들켰다. 인기척이 안 나게 살금살금 가까이 다가갔으나 지레 겁먹고 구석에 바짝 웅크리고 죽은 시늉을 한다. 꼬챙이로 가시를 쿡쿡 찌르고 등짝을 툭툭 치며 얼빠지게 괴롭히고 윽박질러도 눈썹 하나 까딱 않는다. 안 그런 척 앙큼하게 내숭 떨 때 "호박씨 깐다"라 한다지. 쥐며느리나 공벌레가 그렇고 아르마딜로가 그렇듯이 잔뜩 몸을 말고는 날 잡아 잡수쇼 하며 꿈쩍 않고 버틴다. 이참에 요놈을 사로잡아다 키워볼까 하는 생각도 들었으나 뒷감당이 힘들어 아서라 귀찮다.

웬만큼 녀석을 괴롭히다가 '내 이러다가 벌 받지' 하는 생각에 삽으로 번쩍 들어 내쳤더니만 감지덕지, 오금아 날 살려라 하고 거들떠보지도 않고 산으로 부리나케 줄행랑을 빼더라. 전광석화電光石火가 따로 없다. 이놈 말고 옛날에 넓은 뜰을 가진 제자 한 사람이 집에서 키우는 것을 본 적이 있고, 김유정 마을 뒷산에서 우연히 한 번 만났을 정도로 매우 보기 드문 친구다. 긴 세월 달팽이 채집하느라 전국을 돌아다닌 내가 평생에 만난 것이 고작 세 번이지 싶다.

애완동물로 꼬마고슴도치인 아프리칸 피그미African pigmy 같은 몇몇 외국종을 키우는 모양이다. 애완용 고슴도치 한 마리에 5만 원에서 수십만 원을 부른다. 고슴도치를 위한 자료와 사육 상자, 거기에 까는 톱밥, 물통, 먹이통 같은 기구를 갖춰 놓고 판다. 먹이고 똥 치우고 갖은 수발을 다 한다. 멸종 직전에 놓인 탓에 나라에 따라서는 애완용으로 키우는 것은 불법이며, 자격증을 가진 사람이라야 키울 수 있다 한다.

백발은 빛나는 면류관,
착하게 살아야 그것을 얻는다

세속적인 집착, 얽매임과 단절하겠다는 각오와 결의로 출가자 스님들은 한 달에 두 번씩 번뇌초煩惱草, 무명초無明草라 부르는 망념妄念의 머리카락을 지혜의 칼 삭도로 배코를 친다. 또한 군에 입대하거나 어떤 동기가 있어 심기일전心機一轉 새로운 다짐을 할 때도 삭발한다. 여기서 "배코를 치다"란 머리를 면도하듯이 빡빡 밀어 깎는 것이다. "중이 제 머리를 못 깎는다"라는 속담은 자기에 관한 일은 잘하기 어려워서 남의 손을 빌려야만 이루기 쉬움을 이른다.

그런데 필자는 내림으로 새치가 있어 장가들 무렵에는 얼추 백발이었다. 지금은 말할 것도 없이 "서리를 이고" 살고, 흠씬 "머리에 서리가 앉았고", "머리가 모시 바구니가 되었다." 머리털 하나에도 내리기가 묻어나니 기가 막힐 노릇이요, 그래서 대물림하는 씨는 절대로 못 속인다는 기지. 그러나 구약성경 잠언에 "백발은 빛나는 면류관, 착하게 살아야 그것을 얻는다"고 했겠다. 나는 과연 부끄러움 없이 살았는가? 후회 없는 삶이란 있을 수 없는 것.

정문일침頂門一鍼이란 정수리에 침을 놓는다는 뜻으로 상대방의 급소를 찌르는 따끔한 충고나 교훈을 이르는 말이다. 털이 나는 포유류인 소나 말에도 머리에 가마가 있다. 사람도 머리 정수리에 선모旋毛, 모와毛渦라고도 부르는 가마가 있다. 머리카락이 자라는 방향이 머리 위에서 보아 시계 방향인 오른쪽으로 감긴 우권右券이 훨씬 많다.

손잡이와 가마의 유전적인 연관 관계를 알아보았더니만 오른손잡이 91.6퍼센트와 왼손잡이 55퍼센트가 우권 가마를 가졌다 한다. 참고로 일란성 쌍둥이의 20퍼센트 정도는 손잡이가 각각 다르다고 하니 가마 방향도 크게 다르지 않을 듯싶다. 그리고 대부분은 단가마거나 쌍가마며 아주 드물게 세 겹으로 꼬이는 경우도 있다 한다.

보통 사람의 머리카락 수는 10만 개쯤이고, 하루 100가닥쯤 빠진다. 머리카락 한 올의 두께는 굵은 것이 0.25밀리미터 안팎으로 눈의 해상력解像力이 0.1밀리미터인 것을 생각한다면 단면이 겨우 보일 정도다. 그리고 머리에는 크고 작은 대롱 모양의 샘이나 땀샘이 200만 개쯤 되며 여러 가지 액체를 만든다. 그 액체가 증발하면서 머리를 서늘하게 하고, 지방 성분은 머리털을 윤기 나게 하고 보호하며 머리카락이 빠지는 것도 막는다. 피부 속에 있으며 털뿌리(모근)에 붙어 있는 근육인 입모근立毛筋은 머리카락을 곧추서게 하니, 춥거나 무섭거나 징그러울 때 살갗이 오그라들면서 좁쌀같이 도톨도톨한 소름이 돋게 한다. 개 목에 빠짝 선 갈기도 마찬가지인데 하등한 동물일수록 입모근이 발달한다

　털의 제일 안쪽에는 모수毛髓가 있고, 겉에는 태우면 노린내가 나는 케라틴keratin 단백질이 여러 피층皮層을 만들어 둘러싸고, 그 바깥에는 꺼칠꺼칠한 각피(큐티클)가 덮는다. 모수에는 적은 양의 공기가 들어 있고, 멜라닌 색소가 들어 있는 피층은 털을 빳빳하게 하며, 각피에는 지질(기름)이 들어 있어 물이 머리카락에 쉽게 스며들지 못한다. 그래서 기름기를 뺀 머리털은 습기가 차면 늘어나고, 건조하면 줄어드니 이 점을 이용하여 모발습도계를 만든다.

　그리고 살갗에 깊게 박힌 털뿌리에서 꾸준히 세포분열이 일어나 털을 슬슬 밀어 올린다. 그 곁에 붙어 있는 털집(모낭)의 기름샘이 기름기를 뿜기에 머리카락이 늘 함초롬히 젖어 반들

반들하고 매끈한 윤을 낸다.

"고수머리 옥니박이하고는 말도 말랬다"고, 곱슬머리나 안으로 약간 오그라진 이를 가진 옥니박이는 이기적이고 인색한 깍쟁이라 상대 말라는 말이다. 개인이나 인종에 따라 곧은 머리카락인 직모直毛, 반 곱슬머리인 반권발半卷髮, 곱슬머리인 권발卷髮 등 가지각색의 머릿결을 가진다. 뜨는 머리인 직모의 단면은 둥글고, 반 곱슬머리는 타원형 그리고 곱슬머리는 삼각형에 가깝다. 태양이 세게 내리쬐는 아프리카 등지에 사는 흑인의 새까맣고 꼬불꼬불 돌돌 말린 머리털은 자외선 투과를 막아준다. 추운 지방 사람들은 되레 자외선이 모자란 탓에 그것이 쉽게 통과하는 갈색이나 흰색의 직모를 머리에 이고 있다.

머리카락은 1년에 30센티미터쯤 자라며, 6년이면 수명을 다하여 빠진다. 한자리의 털이 15번 빠지고 되 나면 아흔 살 나이가 된다. 여름에는 겨울에 비해 10퍼센트쯤 빨리 자란다고 하며, 턱수염 하나도 건강할 적에는 무럭무럭 자라지만 건강하지 않거나 나이를 먹으면 자라는 속도가 한결 느려진다. 유전적으로 머리칼이 성글거나 민머리가 되는 사람들은 걱정이 많다. 그런 숱이 적은 사람들을 "칠석날 까치 대가리 같다"라거나 "염병 치른 놈의 대가리 같다"고 놀리는데, 본인들은 그런 말만 들어도 가슴이 철렁 내려앉을 터. 이렇든 저렇든 무릇 머릿결은 건강과 젊음을 상징한다. 갓 감긴 젖먹이의 반질반질한 머리칼은 늙거나 병든 이의 퍼석퍼석한 수세미 같은 머리와 대조를 이룬다.

긴 머리털 하나를 뽑아 두 엄지손가락 중간에 걸쳐 놓고 양 손가락을 꼼작꼼작 좌우로 움직여 보자. 분명히 한쪽으로 움직여 갈 것이다. 털의 겉이 매끈하지 않고 기왓장을 포개 놓은 듯이 한 방향으로 까칠한 탓이다. 머리 빗질을 할 때도 그렇지 않던가. 털뿌리에서 털끝으로 빗으면 머리가 가지런히 제자리를 잡지만 반대로 빗질을 하면 헝클어지는 것도 그 때문이다.

원래 어느 털 속이나 뼈마디 사이에는 공기가 조금씩 들었다. 살 밑에서 털이 만들어질 적엔 멜라닌이라는 검은 색소가 털뿌리에 녹아들고 공기도 조금씩 스며든다. 그러나 중병이나 심한 스트레스, 영양 상태가 좋지 못하면 멜라닌이 털뿌리에 제대로 쌓이지 못하고 공기만 들어차 흰 머리카락이 생겨나는 것이다.

"머리카락 뒤에서 숨바꼭질한다"란 "눈 가리고 아웅"과 같은 뜻으로 얕은수로 남을 속이려 함을 빗대 이르는 말이요, "머리카락에 홈파겠다"는 성격이 옹졸하거나 솜씨가 매우 정교함을 이르는 말이다. "머리털을 베어 신발을 삼다"는 무슨 수단을 써서라도 자기가 입은 은혜를 잊지 않고 꼭 갚겠다는 것으로, 풀을 묶어서 은혜를 갚는다는 결초보은結草報恩과 일맥상통한다.

후회하면 늦으리, 풍수지탄

효도할 수 없어 안타까운 마음을 표현할 때 풍수지탄風樹之歎이란 말을 쓴다. 사실 나도 죽음을 코앞에 두고 보니, 이제야 풍수지탄을 절감한다. 제아무리 몸부림쳐 봐야 아무 소용없으며, 모든 것이 때가 있는 것을 모르고……

풍수지탄의 수樹를 대표하는 나무는 아무래도 소나무라 하겠다. 애국가 2절에 나오는 그 소나무 말이다. 소나무Pinus densiflora를 솔 또는 솔나무라 하며 한자로는 송松, 적송赤松, 송목松木, 송수松樹, 청송靑松이라고들 한다. 높고 굵게 크는 늘푸른 큰키나무(상록교목)로 우리나라 나무 가운데 은행나무 다음으로 크다. 줄기는 높이 35미터, 지름 1.8미터 정도며, 나무껍질은 붉은 갈색이고 밑동은 검은 갈색이다. 학명 Pinus는 바늘

(needle), *densiflora*는 꽃(flora)이 빽빽하게(dense) 무더기로 붙는다는 뜻이다. 소나무와 반송과 금강소나무와 곰솔은 잎이 두 장씩 뭉쳐나고, 리키다소나무와 백송은 셋씩, 잣나무와 섬잣나무와 눈잣나무는 모두 다섯 잎이 뭉쳐난다. "솔잎이 새파라니까 오뉴월만 여긴다"라고 한다. 가을이 되면 올해 난 동생은 그대로 싱싱하고 작년생인 형이 누렇게 낙엽진다. 자기 허물은 생각하지 않고 도리어 남의 허물만 나무랄 때를 "가랑잎이 솔잎더러 바스락거린다고 한다"지. 늘 푸른 나무로 보이지만 사실은 소나무도 낙엽이 지고, 바닥에 수북이 쌓인 마른 솔잎을 솔가리라고 한다.

꽃은 5월에 피는데 수꽃은 새 가지에 한가득 달리며, 노란 꽃가루인 송홧가루는 공기주머니(기낭)를 가지고 있어 멀리까지 바람에 흩날리니, 소나기가 오는 날에는 물길 따라 누렇게 흘러가는 것을 본다. 암꽃은 6밀리미터쯤 되고 자주색을 띠며 달걀 모양이다. 나무초리 끝자락에 다소곳이 달리는데, 가을엔 단단한 연둣빛 풋 열매가 되고, 다음 해도 그런 상태로 자라고, 그 다음 해인 3년 만에 드디어 농익은 솔방울이 된다. 그래서 어떤 가지에는 세 형제가 버젓이 나란히 달리는 수가 있다. 100개가 넘는 까칠까칠한 열매 조각이 쩍 벌어지면서 타원형 솔씨가 날아 떨어진다. 씨에는 얇은 막 같은 날개가 붙어 있어 멀리 바람 타고 퍼져간다. 한국, 중국 북동부, 우수리, 일본 등지에 분포한다.

소나무가 없었다면 어쩔 뻔했나! 소나무는 나무 상자, 옷장, 뒤주, 찬장, 책장, 도마, 말, 되 같은 가구재와 소반, 주걱, 제상 같은 식생활 도구와 기둥, 서까래, 대들보 같은 건축재와 지게, 절구, 쟁기, 가래, 사다리 등의 농기구에 썼다. 물론 이게 다가 아니다. 소나무는 주검을 담는 관은 물론이고 묘소 둘레에 도래솔로 심었다. 솔가리, 삭정이, 장작은 땔감으로 썼다. 줄기에 송진이 쌓인 붉고 기름진 옹이가 관솔인데, 불이 잘 붙어서 예전에는 거기에 불을 붙여 관솔불로 등불을 대신하였다.

소나무 속껍질을 송피松皮 또는 송기松肌라 하는데, 이른 봄 새순이 나기 전에 나뭇가지에 물이 오르기 시작하면, 낫으로 소나무 끝가지를 잘라 얇게 겉껍질을 벗기고는 서둘러 하모니카 불듯 속껍질을 이로 썩썩 긁어 단물을 쭉쭉 빤다. 아직도 그 달착지근한 소나무 물을 잊지 못하니, 조건반사 중추가 야물게도 꽉 틀어박힌 탓이렷다! 죽죽 벗긴 송기를 볕에 말렸다가 쌀가루를 섞어서 밥에 얹기도 하고, 떡이나 죽을 만들어 먹기도 했다. 먹기는 곶감이 달다지만, 타닌tannin이 많이 들어서 텁텁하고 떫은 송기를 많이 먹고 나면 변비가 생겨 생고생

을 했다.

소나무로 여러 가지 술도 담근다. 소나무 움을 넣고 빚은 송순주松筍酒, 솔잎을 우려낸 송엽주松葉酒, 솔방울을 발효한 송실주松實酒, 솔뿌리를 익힌 송하주松下酒 등이 있다. 어디 그뿐인가. 소나무 뿌리에 균근菌根이 기생하여 혹처럼 비대한 복령과 거기서 자란 송이가 있다. 이들 솔뿌리에 기생하는 균류는 그 생리를 도무지 흉내 낼 수가 없어서 여태 인공 재배를 못하는 신통한 생물이다.

한데 솔잎을 깔고 떡을 찌는 데는 옛 어른들의 지혜가 고스란히 녹아 있고, 심오한 과학이 숨었다. 떡과 송편을 비교하였더니 송편이 잘 썩지 않았는데 이유는 솔잎에서 분비한 항생물질인 송진이 부패를 막기 때문이었다. 냉장고가 없던 시절에 이렇게 하여 음식을 오래 보관했던 것.

송진은 소나무가 상처를 입을 때 분비하는 물질로 처음엔 무색투명한 액체이나 시간이 지나면 희뿌옇고 끈끈해지고 상처 부위에 피가 엉키듯 굳어져서 세균, 바이러스, 곰팡이의 침입을 차단한다. 또한 병균이 세포벽에 붙으면 상처가 난 세포벽이 변성하면서 딱딱한 리그닌lignin이 쌓일 뿐 아니라 파이토알렉신phytoalexin 같은 항생물질을 만들어내어 아물게 한다. 기껏 식물이라고 우습게 보고 얕볼 일이 아니다. 러시아 생화

학자 토킨Boris P. Tokin은 식물이 병원균, 해충, 곰팡이에 두루 저항하려고 내뿜는 물질을 피톤치드phytoncide라고 이름 지었다. 희랍어로 '식물의'라는 뜻의 phyton과 '죽이다'는 뜻의 cide를 합친 말이다.

꾸들꾸들 굳어가는 송진을 한 움큼 따 입에 넣고 퉤퉤 침을 뱉으면서 한 30분 꼭꼭 씹다 보면 쫄깃한 솔향기가 나는 '송진 껌'이 된다. 꼭꼭 숨겨 둔 비밀이다. 송진 껌이 만들어지면 분명히 많이들 사서 씹을 터인데……. 그런데 지구온난화로 소나무는 북으로 밀려가다가 언젠가는 우리나라에서 사라질지도 모른다고 하니 기가 찰 노릇이다. 한동안은 문제없지만 말이지. 소나무 만세, 천만세, 만만세!

파리 족통만 하다

우리 속담이나 관용어에는 파리에 얽힌 것이 참 많다. 좋든 싫든 간에 그만큼 파리와 사람이 가까이 지내 왔다는 뜻이요, 오랫동안 그것들의 생태를 샅샅이 보아 와서 재미있는 말이 많이도 만들어졌다. 파리가 한자로는 승蠅이요 영어로는 플라이fly인데, 파리 하면 이유 없이 뜯어 먹거나 한몫 끼어 이득을 보려는 사람을 속되게 이른다. 또 매우 희미하고 작은 것을 "파리 족통(발)만 하다" 하고, 풀잎에 이슬같이 덧없는 초로인생草露人生을 "파리 목숨 같다" 하며, 두 손을 싹싹 비벼 애걸하거나 윗사람에게 아부할 때 "파리 발 드리다"라고 한다. 그뿐이 아니다. 위에는 또 위가 있음을 비유하여 "파리 위에 날 나리가 있다" 하고, 남을 뜯어먹거나 이득을 보려는 사람을 비꼬아 "작은 잔치에 파리 꾄다"라고 한다. 또 "파리 날리다"란 무료하거나 손님이 없을 때, "안다니 똥파리"란 잘 알지도 못하면서 이것저것 아는 체하는 사람인 안다니를 비꼬는 말이며, "미운 파리 잡으려다가 성한 팔 상한다"란 나쁜 것을 없애려고 서툴게 행동하다가는 오히려 귀중한 것이 상할 수 있다는 뜻이다. 또한 '파리 경주인'이란 시골 아전이 서울에 오면 그 고을 경주인(京主人, 지방 수령이 서울에 파견한 구실아치) 집으로 모여들듯이 짓무른 눈에 파리가 뻔질나게 꼬이는 것을 빗대어 이르는 말이다.

우리가 흔히 보는 파리는 집파리*Musca domestica*다. 파리목 집파릿과 곤충으로 중앙아시아가 원산지며 세계 어디에나 있고 파리 무리의 91퍼센트를 차지한다. 파리는 커다랗고 빨간 아리따운 겹눈 두 개가 머리를 거의 차지하며, 정수리 삼각 부위에 홑눈이 세 개 있다. 어른벌레는 몸길이가 5~8밀리미터며 온몸이 짧고 검은 털로 가득 덮여 있고, 다른 곤충이 그렇듯이 암컷이 수컷보다 조금 크다. 집파리는 발바닥으로 맛을 보고 냄새를 맡기 때문에 앞다리로 밥알을 만져서 먹을 수 있나 알아낸다. 입으로 음식을 넣었다 뱉었다 하면서 미리 침을 발라 소화된 부분을 넓적한 혓바닥으로 핥아 먹는다. 이렇게 발과 입으로 바이러스, 세균, 곰팡이, 원생동물, 선형동물 하여

100가지가 넘는 병균을 옮긴다고 한다. 또 파리가 싸댄 똥 자국은 하얀 벽지를 새까맣게 하니, 얼굴에 거뭇한 기미를 '파리똥'이라고 하는 것이리라.

녀석들은 천장 벽지는 물론이고 유리창에도 착착 잘 달라붙는다. 어떻게 매끈한 유리에 찰싹 붙는단 말인가. 그것은 파리 발바닥에 끈적끈적한 점액이 있어서 붙는 것이라고 한다. 틀린 말은 아니지만 더 설득력 있는 이유가 있다. 종이는 물론이고 유리 바닥을 고배율 현미경으로 보면 작고 울퉁불퉁한 짜개진 틈새가 엄청나게 많아 꺼끌꺼끌하다. 파리는 그 틈새에다 다리에 많이 난 돌기를 꽂아 찰싹 붙는데, 붙을 때는 돌기들을 바짝 오그리지만 날아오를 적에는 슬쩍 편다.

집파리는 알(쉬) → 유충(구더기) → 번데기 → 어른벌레 과정을 거치는 전형적인 갖춘탈바꿈을 하며, 다른 곤충과 마찬가지로 암놈이 훨씬 크다. 그래서 수컷을 등짝에 업고도 잘도 날아다닌다. 암수가 2~15분 동안 짝짓기 하며, 수컷 음경이 매우 발달하여 암컷의 질에 한번 꽂으면 여간해서 빠지지 않으며, 암놈은 짝짓기하여 받은 정자를 수정낭에 보관하여 알을 낳을 때마다 수정한다.

파리 알은 젖빛으로 0.8~1밀리미터며 바나나 모양이고, 알을 3~4일에 걸쳐 500개 넘게 낳는다. 스무 시간 안에 알을 까고 나온 크림색 애벌레는 9밀리미터며 세 번 허물벗기 하며 자라서 번데기가 된다.

구더기는 길쭉한 것이 몸은 12마디며(나중에 유충의 첫째 마디는 머리, 둘째와 셋째와 넷째 마디는 가슴, 나머지는 배와 생식마디가 됨), 머리는 있는 둥 만 둥이고, 입에 갈고리가 있어 먹이를 갉아 먹기 좋다. 8밀리미터쯤 되는 번데기는 붉은 갈색으로 옛날엔 화장실 근방에 널브러져 있었다. 구더기가 기어 나와 화장실 구석이나 둘레의 흙 속에서 번데기로 바뀌니 그렇다. 6일쯤 번데기로 머문 다음 날개돋이를 하고, 어른벌레가 된 36시간 뒤에 딱 한 번만 짝짓기를 한다(15~25일 삶).

결국 10~12세대가 이뤄지는 셈인데, 4월에 암수 한 쌍이 알을 낳기 시작하여 8월이 되면 그동안 생긴 총 파리 수는 죽지 않고 고스란히 세대를 이어 간다면 191,010,000,000,000,000,000마리가 된다는 계산이다. 어안이 벙벙하다고나 할까. 이토록 많으니 헤아리기조차 어렵구나! 해서 파리를 잡아 없애느라 별별 수단을 다 써 보았지만 효과가 없었다. 그러나 파리는 다른 여러 천적에게 이리저리 내리 잡아먹히고 마지막에는 일정한 수를 유지하면서 생태계 일부로 이날 이 때까지 살아남았다. 만약 그러지 않았으면 지구가 온통 파리로 덮이고 말 뻔했다. 그렇게 버글거리며 질리게 굴던 도도한 놈들도 날이 썰렁해지면 어느새 씻은 듯 부신 듯 사라지고 마는데, 이렇게 어른벌레는 거의 다 죽어버리고 애벌레나 번데기로 겨울을 난다.

파리에는 집파리 말고도 똥오줌에 모여드는 똥파리, 시체나 생선에 달려드는 쉬파리, 소나 말의 등짝에 붙어 피를 빠는 손톱만 한 쇠파리 등이 있다. 쉬파리는 알을 낳지 않고 새끼를 깔기니, 알이 암놈의 몸속에서 생기고 자라서 구더기로 태어나는 난태생이다. 아무튼 자못 생존력이 강한 구더기는 그 짜디짠 장이나 된장 단지에서도 거뜬히 산다.

모든 파리 무리는 진화 과정에서 뒷날개 두 장이 퇴화하여 몸의 평형을 유지하는 평형간平衡桿으로 바뀌고 앞날개 두 장만 남았다. 그래서 파리를 '한 쌍의 날개를 갖는다'는 뜻으로 쌍시목雙翅目이라고도 부르는데 모기나 꽃등에 무리도 마찬가지다. 곤봉 모양의 평형간은 앵앵 소리를 내면서 떤다. 두 날개를 떼어 버리고 놓아두면 깡충깡충 뛰면서 요동을 치는데, 만일 날개를 그대로 두고 평형간을 떼거나 바늘로 찌르면 어떻게 될까? 역시 날지 못한다. 비록 퇴화가 될지언정 아직도 제 몸의 평형 몫을 하는 것이다. 하지만 파리 날개는 두 장이다! 내 좋아하는 말, 무릇 창조는 선입관의 타파에서 비롯한다.

새끼 많은 소
길마 벗을 날이 없다

딴 집도 마찬가지겠지만 소는 우리 집 재산목록 1호로 논밭을 가는 데 없어서는 안 되었기에 모든 정성을 쏟아 거둬 길렀다. 부산물로 거름, 퇴비를 만들기도 했다. 소는 죽어 고기와 뼈다귀, 뿔, 가죽을 남긴다. 뿐만 아니라 우유, 버터, 치즈, 요구르트 같은 유제품도 얻는다. 그러나 요즘에 와선 애꿎게도 메탄, 이산화탄소 같은 온실가스 방출의 18퍼센트를 차지한다 해서 지탄을 받기도 한다.

우리나라 소*Bos primigenius taurus*는 전형적으로 황우黃牛지만 중국, 인도 등지에는 회색이거나 검은 소가 많다. 소는 세계적으로 세 아종으로 나뉘며, 솟과의 포유류로 발굽이 있는 유제류有蹄類다. 유제류는 우제류偶蹄類와 기제류奇蹄類로 나뉘는데,

소나 돼지처럼 발굽이 두 개로 갈라져 짝수인 것을 우제류라 하고, 말같이 굽이 홀수인 것을 기제류라 한다. 암수 모두 뿔이 있으며, 목 아랫부분에는 부드러운 피부인 육수肉垂가 있고, 꼬리는 가늘고 길며 끝에 털 묶음인 모총毛叢이 있다. 몸길이가 310센티미터쯤, 무게는 450~1000킬로그램가량 나가며, 임신 기간은 277~290일쯤 된다. 소의 눈은 흑백만 구별하고, 암소는 두 쌍의 젖꼭지가 있다. 유전인자는 22,000개쯤 되는데 사람과 80퍼센트가 비슷하다.

힌두교에서는 소가 부, 권력, 풍요, 자아를 상징하고 소를 '나의 어머니(The cow is my mother)'로 부르기도 하며 옛날에는 소를 죽이면 사형을 당할 정도로 숭배했다고 한다. 몇 년 전 중국 황산黃山의 어느 시골 마을에 갔을 때다. 시간은 거꾸로 흘러 어린 시절의 나를 만난 적이 있다. 소고삐를 잡고 있는 꾀죄죄한 꼬마 아이들 곁에서 풀을 뜯는 소 주둥이를 내려다보고 있는 목동이 바로 나였다. 간난한 나라를 여행하면 과거를 만날 수 있어 좋다. 마치 시간이 멈춘 듯한 곳 말이다.

소는 윗니가 없기에 혀로 긴 풀을 말아서 고개를 치켜들면서 아랫니로 풀을 잘라 먹는다. 씩씩거리며 썩썩 잘도 뜯는다. 독 있는 풀은 귀신같이 혀로 골라내어 피해가면서 차근차근, 야금야금 풀밭을 먹어 들어간다. 물푸레나무를 휘어서 코를 낀 코뚜레 때문에 어린애도 힘센 소를 꼼짝 못하게 쥐 잡 듯 할 수 있다. 홀로 소를 먹이기도 하지만 여럿이 같이 가서 산비탈에 쳐 놓아 저들끼리 먹도록 놓아둔다. 딱 좋은 황금시 간은 이때로 우리는 강가 버드나무 아래에 옹기종기 모여 앉 아 공기놀이, 땅따먹기, 제기차기, 재치기를 하다가 산딸기, 보리수열매, 우리나라 특산물인 산앵두를 따 먹지만 그래도 못 참을 정도로 시장하면 수박 서리를 푸지게 한다. 기침, 사 랑, 가난은 숨기지 못한다고 하지.

한여름 소 먹이기는 그리 문제가 되지 않는다. 한 사람은 바닥에 앉아 작두날 사이에 짚단을 차례차례 같은 길이로 집 어넣고, 다른 사람은 힘차게 작두날을 디디면서 짚을 자르니 이렇게 토막 낸 것이 여물이다. 사각사각 짚단 잘리는 소리가 들려오는 듯하다. 부엌 구정물 부은 솥에 여물, 콩깍지, 등겨, 마른풀 등을 넣어 자박자박 소죽을 끓이면 그 장작불이 군불 도 되니 일거양득이다.

그런데 한여름의 소불알은 보는 사람으로 하여금 불안케 하고도 남는다. 노력 없이 요행만 바라는 헛된 짓을 비유하 여 "소불알 떨어지면 구워 먹겠다고 소금 가지고 따라다닌다" 고 하지만, 날이 더울라치면 불알이 축 늘어지면서 땀을 흘려 체온 조절을 한다. 사람 역시 정자가 열에 약한 탓에 늘 고환 온도가 체온보다 3~5도가량 낮다. 쇠불알 하면 생각나는 것이 또 있다. 소에 정성을 다하는 것은 먹이는 것만으로 끝나지 않는다. 몸에 달라붙는 진드기도 잡아줘야 한다. 녀석들이 소불알 근처 털이 적은 보드라운 맨살에 더덕더덕 붙어 기승을 부리니 소 배 밑에 기어 들어가 눈 치뜨고 맨손으로 떼어주곤 했는데, 소도 버릇이 들어 사타구니에 손이 가면 좋다고 가만히 있다.

육이오 전쟁 때 필자는 초등학교 5학년이었다. 지리산 자락에 있는 아주 작은 동네에 살았고, 지금도 거기엔 내 태를 묻은 집이 있다. 전쟁 중에 낮에는 아군이 밤에는 빨치산이 점령하는 중간 지대였던 때도 있었다. 어느 오후였다. 소를 산에 쳐 놓고 강에서 멱을 감으며 놀고 있는데, 난데없이 제트기 몇 대가 들이닥쳤다. 눈코 뜰 새 없이 따, 따, 따다! 우리는 꽁지 빠지게 도망가 신작로 아래에 있는 홈통에 들어가 숨었다. 나중에 알고 보니 낙동강 전투에서 퇴각하던 북한 패잔병 몇이 지리산으로 들어가는 바람에 애먼 우리가 수난을 당했다. 공습이 잦아들어 물길 굴을 기어 나와 소 걱정을 하며 산자락을 올려다보지만 코빼기도 안 보인다. 온데간데없다. 이리저리 뛰어다니다가 겨우 찾았는데, 이것들이 모두 강 가운데에 오글오글 몰려 있는 게 아닌가! 하나같이 머리 뿔을 바깥으로 두고 둥그렇게 원을 그린 방어 태세로 말이지. 보통 때는 볼 수 없는, 위급한 상황에서 나타내는 본능인 것. 만일 말이 그 상황에 처했다면 어떤 꼴을 했을까? 소는 뿔로 들이 박는 것이, 말은 뒷발차기가 주된 무기 아닌가!

출산이 가까운 어미 소의 배는 터질 듯이 불룩하다. 출산기 가 있는 날에는 소의 행동이 평소와는 완전히 다르다. 외양간 에서 헤매듯 빙글빙글 돌기도 하고, 무엇보다 눈빛이 변한다. 종지만 한 눈을 크게 뜨고 주인을 흘겨보는 품이 도와달라는 것이다. 그렇지 않아도 주인은 기다리고 있던 터라 단방에 알 아차리고는 바닥에 마른 짚이나 풀을 수북이 깔아주고, 기둥 에 맨 고삐를 풀어주며 소의 동태를 살핀다. 어느 순간 쑥! 태 를 뒤집어쓴 송아지가 태어난다. 어미는 서둘러 태반을 먹어 치우고, 송아지는 어느새 벌떡 일어나 마당으로 뒤뚱거리며 걸어 나간다. 그래야 천적을 피해 도망갈 것이 아닌가. 어미 소는 송아지가 멀리 가지 못하게 '음, 음' 낮은 목소리를 낸다. 그때는 다시 새끼를 얻을 수 있으니 암송아지가 태어나는 것 을 반겼으나 요새는 빨리 자라는 수놈이라야 대접받는다.

요즈음은 소를 먹이러 다니지 않는다. 소 먹일 손이 없다. 그래서 일손이 있는 몇몇 집에서만 소를 매어 놓고 키우고, 여물 대신에 사료를 먹인다. 경운기나 트랙터가 일을 다 하니 소가 노동 가치를 잃은 지 오래며, 소는 돈인 까닭에 단지 살 찌워서 내다 파는 것이 목적일 따름이다. 그래도 암놈은 발정하고 새끼를 밴다. 암소와 수소의 씨받이는 오래전에 지나갔다. 일부러 모아 둔 정자를 수의사가 자궁에 주사해서 인공수정을 시키니 말이다. 외양간에 280일 넘게 그대로 매여 산 암놈이 새끼 낳기가 쉬울까? 운동을 하지 않은 산모가 정상 분만을 못하고 제왕절개수술로 아기를 낳듯이 소도 그렇다. 사람은 머리를 먼저 내미는데, 송아지는 앞다리가 제일 먼저 나온다. 송아지가 두 발만 밖으로 드러내 놓고 나오지를 못한다. 그러면 어쩌는가? 어미는 밀어내지 못하고, 사람은 힘이 부쳐 그놈을 끌어내지 못하기에, 송아지 다리를 굵은 끈으로 묶고 경운기로 서서히 잡아당긴다. 저런, 저런, 새끼를 제대로 낳지 못하는 암소가 되고 말았다!

그런데 젖소는 새끼를 낳지도 않는데 왜 젖을 그토록 내리내는 것일까? 동물은 보통 산후에 젖을 분비하는데 말이지. 닭 가운데도 레그혼Leghorn 같은 산란계産卵鷄는 알을 품을 생각은 않고 줄곧 알을 낳는다. 이는 변이를 일으킨 돌연변이종이라서 그렇다.

소는 반추동물, 즉 되새김 동물이다. 풀을 서둘러 마구 뜯어 먹고는 다른 포식동물의 공격을 피할 수 있는 안전한 곳에 가서 먹은 것을 토해 내어 다시 차근차근 씹는다. 이런 솟과 동물에는 염소, 양, 사슴, 노루, 고라니 등이 있다. 소가 바닥에 드러누워 눈을 지그시 감고 우물우물 여물을 되씹고 있는 모습은 정말 평화로워 보인다. 입가에 게거품을 머금고 머리를 끄덕이며 반추하고 있는 소! 궁금증이 남달랐던 나는 어릴 적에 소가 한번 토한 것을 몇 번 씹는지 헤아리고 있었다. 평균 55회를 꾹꾹 씹어 끄르륵 삼켰다. 나도 이런 소를 닮아 꼭꼭 씹어 먹겠다고 다짐했다.

소의 위는 혹위, 벌집위, 겹주름위, 주름위로 방이 네 개로 나뉜다. 제1위인 혹위는 양이라고도 하며 전체 위의 80퍼센트가량 차지하고, 제2위는 벌집 꼴을 하기 때문에 벌집위라 하고, 제3위는 주름이 많이 져서 겹주름위라 하는데 천엽千葉 또는 처녑이라고도 하며, 제4위는 주름위, 막창, 홍창이라고 하며 진짜 위다. 먹은 풀은 혹위와 벌집위에 저장했다가 안전한 곳에서 작은 덩어리인 되새김질거리를 토해내어 되씹는다. 번번이 반추한 것은 겹주름위와 주름위로 내려보내고, 거기에서 미생물의 도움을 받아 소화한다. 소도 사람과 마찬가지로 풀(섬유소)을 분해하는 효소를 만들지 못한다. 오직 위에 살고 있는 미생물이 소화효소를 내어서 섬유소를 분해한다. 셀룰라아제cellulase 효소가 다당류인 셀룰로스cellulose를 이당류인 셀로

비오스cellobiose로 분해하고, 그것을 셀로비아제cellobiase 효소가 포도당으로 가수분해한다. 다시 말해서 소화효소인 셀룰라아제나 셀로비아제는 미생물이 분비한다. 미생물은 삶터를 얻어 살고, 분해된 단당류인 포도당이나 아미노산 등을 소가 이용하니 소와 미생물은 서로 떼려야 뗄 수 없는 상생相生, 공영共榮 관계다. 모든 반추동물이 그렇다. 그렇다면 토끼나 말, 돼지같이 반추위가 없는 초식동물은 어떻게 그 질긴 섬유소를 분해할까? 그들은 반추위가 없는 대신에 아주 큰 맹장을 가지고 있어서, 거기에 살고 있는 미생물이 섬유소를 분해한다. 그러므로 초식동물은 반추위를 가진 무리와 커다란 큰창자를 지닌 두 무리로 나눈다.

사람이 유명하면 별명이 많듯이, 사람과 연줄이 돈독한 소와 관련한 속담은 많기도 하다. "새끼 많이 둔 소 길마(멍에) 벗을 날이 없다"고 자식을 많이 거느린 어버이가 매우 바쁘다는 뜻으로 "가지 많은 나무 바람 잘 날 없다"는 속담과 비슷하다. "소 뜨물 켜듯이"는 한꺼번에 많은 양을 들이켜는 모양을, "소도 언덕이 있어야 비빈다"는 의지할 곳이 있어야 무슨 일이든 시작하거나 이룰 수가 있음을, "황소 뒷걸음치다가 쥐 잡기"는 우연한 일을, "소 잃고 외양간 고친다"는 일이 이미 잘못된 뒤에는 손을 써도 소용이 없다는 말이다. "우황 든 소

앓듯" 또는 "벙어리 냉가슴 앓듯"은 혼자 걱정하며 괴로워하는 경우를, 구우일모九牛一毛는 "아홉 마리 소 가운데 박힌 하나의 털"이란 뜻으로 매우 많은 것 가운데 아주 적은 수를 이르는 말이다. "술 담배 참아 소 샀더니만 호랑이가 물어 갔다"란 돈을 모으기만 할 것이 아니라 쓸데는 써야 함을, "쇠귀에 경 읽기"는 가르치고 일러도 알아듣지 못하거나 효과가 없음을, "오뉴월 소나기는 쇠등을 가른다"는 국부적으로 내리는 소나기를 비유하고, "쇠뿔도 단김에 빼랬다"는 어떤 일이든지 하려고 생각했으면 망설이지 말고 곧 행동으로 옮겨야 함을, "쇠똥에 미끄러져 개똥에 코 박은 셈이다"는 대수롭지 않은 일에 연거푸 실수만 하고 일이 꼬이기만 함을 말한다.

그리고 독자들이여! 매사에 "소 닭 보듯, 닭 소 보듯" 말고 친구 사이, 가족끼리, 자연과도 서로 다정하고 가깝게 살아 갈지어다. "무관심은

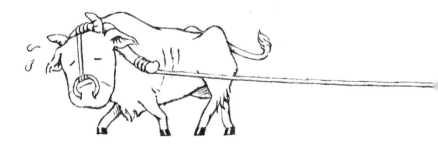

증오보다 무섭다"고 하지 않던가. 토닥토닥 다투면서 사는 부부가 오래 산다는 통계치를 믿어볼 참이다.

우보호시牛步虎視란 말이 있다. 소걸음으로 느릿느릿 걷지만 눈은 범처럼 또렷이 뜨라는 뜻이다. 필자는 어린 시절을 소와 지냈다고 해도 과언이 아니다. 소 먹이기, 꼴 베기, 소죽 끓이기 등으로 많은 시간을 빼앗겼지만 실은 그들과 함께 꾸준히 즐기면서 살았다. "매화를 그리다 보니 매화를 닮는다"는 말도 있지 않은가. 이렇게 생물 글을 쓰고 있는 것도 촌놈으로 살 때 소와 돼지, 닭이 나에게 미친 기운 덕택이 아닌가 싶다. 고맙다, 당신들이!

자식도 슬하의 자식이라

"자식도 슬하膝下의 자식"이란 말이 있다. 곁에 있을 때나 자식이지, 출가하거나 멀리 떠나 서로 보지 못하면 남과 같다는 뜻이다. 또 "슬하가 쓸쓸하면 오뉴월에도 무릎이 시리다"란 무릎 주변에서 자식이 놀 때 귀엽고 키우는 맛이 난다는 뜻으로, 이때 슬하는 진짜 무릎 아래가 아니라 자녀와 한 울타리 안에서 지낸다는 뜻이다. 여기서 말하는 슬하란 글자대로 풀자면 '무릎(膝) 아래(下)'다. 좀 더 정확하게는 어버이나 조부모의 보살핌과 보호를 받는 테두리 안을 이르며 '그늘', '품'의 뜻과 같다. 그래서 "자식도 품안에 있을 때 자식이지"라 하는 것. 흔히 남의 부모를 높여 말할 때도 쓰니, 상대방의 자녀 관계를 물을 때 "슬하에 자녀를 몇이나 두셨습니까?"라고 하며, "고인은 아내와 슬하에 두 딸을 뒀다"라고 쓰는 것도 마찬가지다.

그리고 자식은 태어나서 적어도 3년을 부모 품 안에서 자란다. 3년이 지나 제 발로 걸어 다니게 되고, 결혼하여 부모의 슬하를 떠날 때까지 애지중지 아끼는 부모의 사랑을 받으며 자란다. 부모님이 돌아가시고 자식이 3년 동안 상복을 입었던 것은 갓난아이 때 부모가 3년 동안 품에 안고 길러준 그 은공을 차마 잊을 수 없기 때문이라는 것.

무릎은 넓적다리와 정강이 사이의 관절이 있는 부위다. 앞부분은 슬개골膝蓋骨이 있어 슬개부膝蓋部라고 하며, 옴폭 들어간 뒷부분을 슬와부膝窩部라고 한다. "오금아(걸음아) 날 살려라"의 '오금' 말이다. 무릎관절의 아랫다리를 하퇴下腿라 하는데 넓적다리인 대퇴大腿에 대응하는 말이다. 하퇴에는 굵은 경골脛骨과 가느다란 비골腓骨이 평행으로 존재하는데, 이 두 뼈를 합쳐서 하퇴골이라고 한다. 해서 '정강이'는 하퇴 앞면을 말하고, '장딴지'는 하퇴 뒷면에 불룩한 부분을 말한다.

앞에서 말한 슬개골이란 무릎뼈를 이르는데, 이는 무릎관절 앞쪽에 있는 삼각형의 오목한 뼈로 사람 몸에서 가장 큰 종자골種子骨이다. 종자골이란 참깨 씨 모양의 뼈란 뜻으로, 인대 또는 힘줄 속에 있으며, 뼈의 표면을 따라 움직이는 달걀 모

양의 작은 뼈다. 슬개골 두께는 23밀리미터쯤이며 관절 앞쪽
을 보호하고 무릎관절을 쉽게 펴게 하며 무릎의 굴신屈伸운동
에 따라 움직인다. 무릎에 힘을 빼고 쭉 펴면 무릎뼈는 좌우
상하로 잘 움직이지만 무릎을 오그리면 관절에 납작하게 달라
붙어 버린다. 옛날에 처가에 간 새 실랑이 장모 앞에 다리를
펴고 까닥까닥 무릎뼈를 만지면서, "장모님, 제 뼈가 탈났습
니다" 하고 보여준다. 꾀부림인 것을 넘겨짚어 알면서도 놀란
척 장모는 부랴부랴 쾌히 씨암탉을 잡는다는 말이렷다.

결국 무릎은 허벅다리뼈와 정강이뼈가 만나는, 굴신하는 관
절을 말하므로 "할머니는 손자를 무릎에 놓고 얼렀다", "노파
는 무릎을 짚으며 일어섰다", "서울서 줄곧 그 애를 내 무릎에
앉히고 왔다"고 하는 무릎은 분명 무릎관절이 아니고 허벅지
를 말하는 것이다.

또 "두 무릎을 꿇다"란 항복하거나 굴복하는 것을, "무릎을
꿇리다"는 항복하거나 굴복하게 하는 것을, "무릎을 치다"란
갑자기 놀라운 사실을 알게 되었거나 몹시 기쁠 때를, "무릎
을 마주하다"는 서로 가까이 마주 앉아 이야기하는 것을 이른
다. 군대 기합 용어에 "조인트 깐다"는 말은 무릎관절을 일컫
는 것으로 칼 같은 정강이뼈도 포함하는 말이다.

과유불급過猶不及이라고 우리 몸은 움직이지 않아도 탈이요,

넘치게 활동해도 까탈을 부린다. 무릎 또한 다르지 않아 움직이지 않으면 퇴화하고 지나치게 쓰면 망가진다. 옛날이야기다. 한 사람이 곰곰이 생각한 끝에 두 눈에서 하나를 젊어서 아껴 뒀다가 나중에 늙으면 쓰겠다고 붕대로 꼭꼭 눌러 막아 뒀단다. 나이 들어 지금까지 써 온 눈이 좋지 않아 아껴 둔 눈을 쓰려고 붕대를 풀었더니만……. 불문가지不問可知다. 관절 또한 용불용설用不用說에 맞아떨어지니 쓰면 발달하고 쓰지 않으면 퇴화한다. 그러나 무릎관절을 아무리 조심하고 단련한다 해도, 무릎 보호대를 해도, 기운이 달리는 늙은이 다리는 결국 고장이 난다. 말도 많고 탈도 많은 무릎이로다.

무릎관절은 몸에서 가장 복잡하며, 그 주변을 관절주머니(관절낭)가 싸고 있는 윤활관절이다. 무릎관절 안쪽과 주변에는 여러 인대와 근육, 힘줄이 얽혀 있어서 관절 가운데 가장 크고 제일 복잡하다. 관절에 들어 있는 무릎 연골은 얇고 탄력 있는 조직으로 뼈를 보호할 뿐 아니라 두 뼈가 맞닿는 관절에서 뼈들이 서로 쉽게 미끄러지게 하여 무릎이 잘 움직이게 한다. 무릎 연골에는 질긴 섬유 연골과 투명하고 보드라운 유리 연골이 있는데, 전자는 질기고 튼튼하여 압력을 이겨내며 후자는 관절을 둘러싸며 세월이 가면 갈수록 닳아진다. 관절은 자기 회복 능력이 제한적이어서 노인이 되면 여지없이 퇴행성관절염이 찾아오는 것.

요새는 자동차 부품을 교체하듯이 사람 몸에도 부속품을 심는다. 인공관절 수술은 닳은 관절을 다듬은 뒤에 인공관절을 넣는 수술이다. 이 수술을 받으면 통증이 거의 사라지고, 무릎 움직임이 자유로워진다 한다. 일흔네 살에 아직도 매일 밭일하고 한 시간 넘게 산마루를 걸을 수 있게 해주는 내 무릎, 참 고맙기 그지없도다!

빨리 알기는 칠월 귀뚜라미라

깊은 밤, 고요한 정막을 깨는 귀뚜라미 소리를 누구나 들어 보았을 것이다. 귀뚜라미가 어떻게 귀뚤귀뚤 소리를 내는지 그 원리부터 알아보자. 귀뚜라미가 내는 소리는 마찰음으로 오른쪽 날개를 왼쪽 날개 위에 올려놓고 비빌 때마다 귀뚤귀 뚤 소리가 나는 것이다. 빗살을 손톱으로 드르륵 긁을 적에 나는 소리와 그 원리가 같다. 빨래판을 막대기로 문질러 보면 따르르르르 소리를 내는 것도 같은 논리다. 수컷의 오른쪽 앞 날개 밑면에는 까칠까칠한 줄처럼 생긴 날개맥이 있고, 왼쪽 앞날개 윗면에는 발톱처럼 생긴 돌기가 있어서 마찰편 구실을 한다. 귀뚜라미 종류에 따라서 이 날개맥의 크기와 개수가 달라서 소리가 다 다르다. 수놈만 끼리릭 끼리릭 소리를 내는데

59

딴 수컷을 쫓으려고 내는 소리는 매우 시끄럽고, 암컷을 구애하는 소리는 아주 조용하다. 마음 주고 귀 기울여 들어볼 것이다.

가을의 전령인 귀뚜라미가 귀뚤귀뚤 가을 노래를 불러 댄다. 여름이 매미의 철이라면 가을은 정녕 귀뚜라미의 절후요, 매미가 대낮에 주로 울어 젖힌다면 녀석들은 대개 야밤에 노래 부르기를 즐긴다. 종류나 환경에 따라 소리의 속도가 다르며, 온도가 높을수록 빨라지는데 보통 13도에서 1분 동안 62번 운다. 그러나 가마솥더위인 여름철에는 울지 않으며, 가을 냄새가 풍기기 시작한 서늘한 아침결과 저녁때에 나대며 운다.

이렇게 귀뚜라미는 온도에 참 민감하다. "빨리 알기는 칠월 귀뚜라미라"는 말이 있으니, 온갖 일에 먼저 아는 체하는 사람을 비꼬는 말이다. 또한 음력 칠월만 되면 울기 시작하는 귀뚜라미처럼 영리하고 눈치 빠름을 비유적으로 이른다. 이와 비슷한 뜻으로 "알기는 태주 같다"는 말이 있다. 여기서 태주란 마마를 앓다가 죽은 어린 계집아이 귀신을 뜻하며 온갖 것을 잘 알아맞힌다고 한다.

　귀뚜라미*Velarifictorus aspersus*는 귀뚜라밋과에 속하는 곤충으로, 메뚜기보다는 베짱이와 더 가까운 유연類緣관계다. 세계적으로 900종이 넘고, 우리나라에는 10종 넘게 살고 있으며, 사람에게는 아무런 해를 입히지 않는다. 온몸이 흑갈색에 복잡한 점무늬가 있고, 몸길이는 17~21밀리미터쯤 된다. 겹눈은 크고 타원 모양이며, 더듬이는 가늘고 긴데 몸길이의 1.5배에 달하는 더듬이를 가진 종도 있으며, 날개는 두 쌍으로 앞날개는 딱딱한 편이나 뒷날개는 얇은 막으로 되어 있다. 암놈이 수놈보다 덩치가 더 크며, 암컷 날개는 반들반들하지만 수컷은 매우 거칠고 쭈글쭈글하다. 8~10월 무렵 풀밭, 정원, 부엌 또는 섬돌 밑에서 꼼짝달싹 않고 꼭꼭 숨어서 시끄러울 정도로 세차게 노래한다. 앞다리의 중간마디에 고막이 있어 소리를 들으니, 다리로

듣고 날개로 노래하는 괴이한 벌레, 그 이름이 귀뚜라미였다! 이들은 아무거나 잘 먹는 잡식성으로 유기물, 썩은 풀, 버섯, 여린 식물을 두루 먹으며 먹을 것이 없으면 죽은 동료는 물론이고 앙상하게 쇠약하거나 병든 친구도 잡아먹는다.

암놈은 짝짓기를 끝내면 길고 뾰족한 바늘 같은 산란관을 땅이나 식물 줄기에 꽂아서 알을 낳는다. 알 상태로 겨울을 나고 이듬해 봄에 알을 까고 나온 애벌레는 6~12번이나 허물 벗기를 하고 번데기 시기를 거치지 않고 어른벌레가 되는 불완전탈바꿈을 한다. 이들은 고작 달포를 넘기는 짧디짧은 삶을 안간힘을 다해 산 다음 후회 없이 떠난다.

귀뚜라미는 사람과 친숙한 동물이다. 서양에서는 귀뚜라미를 죽이면 불행해지고, 그 동물과 함께하면 행복하고 지혜로워진다고 생각한다. 중국에서도 행운을 상징하는 동물로 여겨 새장에 넣어 애완동물로 키운다. 중국, 멕시코, 동남아시아에서 귀뚜라미 싸움 도박도 유행한다. 또 애완으로 키우는 육식동물인 개구리, 도마뱀, 거북이, 거미의 먹잇감으로 키우기도 한다. 귀뚜라미에게 영양분이 풍부한 먹이를 먹여 키워서 애완동물에게 주는 것을 굿로딩Gut loading이라 한다. 캄보디아, 태국, 베트남 남부에서는 귀뚜라미를 통째로 기름에 튀겨 간편식으로 먹으니, 국제연합(UN)에서도 세계 식량 공급의 하나로 단백질 보충을 위해 곤충 먹기를 적극 권하고 있는 것과 고스란히 맥을 같이한다 하겠다. 물론 우리도 어릴 적부터 방아깨비나 벼메뚜기를 잡아먹었다.

"귀뚜라미 풍류하다"란 게을러서 논에다 손을 대지 않아 김이 우거져 있음을, "중방 밑 귀뚜라미"는 무엇이고 잘 아는 체하는 사람을 빗대어 이르는 말이다. 또 이 벌레는 온도에 무척 예민하여 "귀뚜라미는 칠월에 들녘에서 울고, 팔월에는 마당에서 울고, 구월에는 마루 밑에서 울고, 시월에는 방에서 운다"고 한다. 또한 "방에서는 글 읽는 소리, 부엌엔 귀뚜라미 우는 소리다"란 속담은 평화롭고 애써 공부하는 분위기가 잘된 가정을 일컫는다. 참고로 "아낙네 다듬이 소리, 아이들 글 읽는 소리, 갓난아이 우는 소리"를 삼희성三喜聲, 세 가지 기쁜 소리라 한다. 그러하니 좋은 가을에 한껏 책 읽기에 빠져 볼 것이다. 독서삼매 말이다. 하기야 독서에 무슨 철이 있을까마는.

진드기가 아주까리 흉보듯

필자가 매일 해거름에 걷는 춘천 애막골 산마루턱 아래, 숲이 꽉 우거진 산골짜기에는 혈혈단신 칠십 초반의 늙은 여자가 살고 있다. 그녀는 언덕배기에 밭도 좀 갈면서 땅개를 20마리 넘게 기르면서 사는데, 배산임수背山臨水라거나 배산득수背山得水라고, 그 외진 곳에 옹달샘보다 좀 큰 샘이 있었기에 불법 거주를 할 수 있었으리라. 어쨌든 그곳은 내가 매일 걷는 산길의 반환점으로, 물 대여섯 모금에 갈증을 푸는 곳이다. 그런데 거기 아주머니가 얼마나 드센지, 같이 살던 아저씨가 친자식 찾아 도망갔을 정도다. 그리고 나도 처음 보는 일인데 눈꺼풀이 넘쳐서 눈알을 덮으니 눈을 떴는지 감았는지 모를 지경이어서 작고 가는 실눈을 상징하는 '뱁새눈'도 저리 가라다.

그 아주머니가 여름날이면 매일같이 길바닥에 개를 드러눕혀 놓고는 머리를 수긋한 채 뭐라 중얼거리며 진드기를 이 잡듯 잡으니, 녀석은 시원하여 눈을 지그시 감고 꾸벅꾸벅 존다. 사타구니나 배때기의 빽빽한 털 사이에 아직 몸이 납작한 것부터 이미 양껏 피를 빨아 배가 빵빵한 놈까지 진드기가 들끓으니, 잡은 놈을 손톱으로 꼭꼭 눌러 죽인다. 하도 오래전 일이긴 해도 해본 가락이 있는 나인지라 바닥을 기어 소의 배 아래에 들어가 눈을 치켜뜨고 놈들을 잡던 옛 생각이 절로 난다. 소는 여물질을 하느라 요령을 울리면서도 시원해하는 모양새가 보지 않아도 눈에 선하다. 소도 내 동무였으니까.

작은소참진드기*Haemaphysalis longicornis*는 절지동물문 거미강 끈끈참진드깃과의 한 종으로, 우리가 어릴 때는 가분나리, 가분다리 또는 가분지라 불렀다. 이들 흡혈진드기는 체외기생한다. 숙주는 포유류인 소, 말, 사슴, 염소, 개, 돼지, 고양이, 토끼, 야생 짐승, 사람과 새가 주지만 가끔은 파충류나 양서류의 피를 빨기도 한다.

작은소참진드기는 한국, 일본, 중국, 러시아, 오스트레일리아, 뉴질랜드 등지에 산다. 오래전부터 살고 있었지만 그 정체를 알지 못하고 지내다가 2011년에 병원체를 처음 알아내어, 중증열성혈소판감소증후군(SFTS: Severe Fever with

Thrombocytopenia Syndrome)을 확인하게 되었다. 이 병에 걸리면 38도의 고열에 설사, 복통, 구토, 식욕부진 같은 증상과 함께 온몸이 나른해지며 혈소판이나 백혈구가 급감한다. 중국에서는 2400건이 넘는 발병이, 일본에서는 2013년부터 사망자가 확인되었고, 우리나라는 2013년 5월 16일 제주도에서 이 병에 걸린 환자가 확인되었다. 그런데 이들 진드기의 0.5퍼센트만이 바이러스를 가진 것으로 알려졌고, 병에 걸리더라도 치사율이 6퍼센트 정도며 독감에 걸린 정도라 하니 너무 두렵게 여길 병은 아니다. 안 해야 할 말이지만 하루에 자동차 사고를 비롯하여 다른 사고로 죽는 것에 비하면 새 발에 피다. 대중매체가 지나치게 호들갑을 떠니 눈꼴사납다. 진드기 몸은 입틀과 작은 머리가 있는 앞부분과 다리, 소화관, 생식기관이 있는 뒷부분으로 나뉜다. 암수 모두 누런 갈색 또는 푸른 갈색으로 더듬이, 겹눈, 날개가 없고 다른 거미처럼 네 쌍의 보각步脚을 가진다. 'Y'모양을 하는 항문은 뒤쪽에 있고, 숨구멍은 넷째다리 뒤에 있다. 애벌레 때에는 다리가 세 쌍이지만 허물을 벗고 약충(若蟲, 못갖춘탈바꿈을 하는 동물의 애벌레)이 되면서 다리가 네 쌍이 된다.

필자도 이번 기회에 평생 궁금했던 가분나리의 한살이를 어렵사리 알아냈다. 작은소참진드기의 생활사는 크게 알 → 애벌레(유충) → 애벌레(약충) → 어른벌레 이렇게 네 단계로 이루어지며, 매번 허물을 벗기 전에 피를 빤다. 초봄에서 늦가을까지 아주 활동적이며, 3~4월에 알을 낳고, 습도와 온도에 따라 다를 수 있지만 보통 60~90일 뒤에 알을 까고 나온다. 애벌레는 서둘러 풀줄기 맨 꼭대기로 살금살금 기어 올라가 붙어 있다가 숙주가 지나치면 잽싸게 찰싹 옮겨 붙는다. 무임승차가 따로 없다. 곧바로 숙주의 살갗을 파고들어 한 댓새 피를 빨고는 숙주에서 떨어져 눅눅하고 어둑한 곳을 찾아 들어가 30일쯤 허물 벗을 준비를 한다. 처음으로 허물벗기한 약충은 다시 허둥지둥 풀숲의 풀잎 끝자락으로 타고 올라가 기다리고 있다가 또 다른 숙주에게 얼른 달라붙어 7일 동안 피를 빤 다음 또다시 음습한 곳으로 떨어져 어른벌레가 되기 위한 허물벗기 준비를 40일쯤 한다. 이렇게 두 번째 허물벗기를 하여 어른벌레가 된 암컷은 숙주를 만나 피를 빤다. 피를 빨기 시작하여 3~4일에 짝짓기를 하고 7일쯤 되면 바닥으로 떨어져 바쁘게 알 낳을 장소를 찾는다. 1~2주 뒤에 알을 낳기 시작하여 2~3주 만에 2000개가 넘는 알을 낳는다.

어른벌레는 빈대를 닮았을 뿐만 아니라 빈대만 한 것이 아주 납작하다. 몸길이는 암컷이 3밀리미터, 수컷이 2.5밀리미터인데, 암컷은 알을 낳기 전 몸무게의 수십 배에 달하는 피를 빨아 1센티미터 정도까지 빵빵하게 부풀어 오른다. 그 모양이 천생 피마자(아주까리) 씨를 닮았으니 "신드기가 아주까리 흉보듯", "진드기와 아주까리 맞부딪친 격"이라 한다. 또 사람을 성가시게 굴 때 "진드기 같다"라 한다. "진드기가 황소 불을 잘라 먹듯"이란 속담이 있는 것을 봐도 우리나라 진드기의 역사가 무척 오래된 것임을 짐작케 한다.

사실 우리가 어릴 적엔 몸에 진드기가 달라붙는 것을 예사로 여겼다. 한여름에 쇠꼴을 베고 나면 겨드랑이가 근질거려 웃통 벗고 들여다보면 진드기 놈이 납작 붙었으니 아무 생각 없이 떼어 버렸다. 그런데 그놈이 무서운 병원체를 옮긴다고 하니 좀 께름칙하다. 여름날 소 진드기 잡아주는 것은 일과나 다름없었으니, 소의 배 아래에 웅숭그리고 들어가 눈을 치뜨고 털이 없는 겨드랑이나 맨송맨송한 불알에 되롱되롱 붙은 놈을 잡아떼어 모아서 닭장에 던져 주었지. 영양가 만점인 소의 선지피가 아니던가. 그런가 하면 소 먹이러 갈 적에 새끼 닭 한 마리를 들고 가 메뚜기를 잡아 먹인다. 잔디밭에 놀게 내버려두고는 손뼉을 탁탁 치면 재빨리 달려오니, 이미 진드기에 대한 조건반사 중추가 대뇌에 꽉 박힌 탓이다.

고래 싸움에 새우 등 터진다

고래는 고래목에 속하는 포유류를 통틀어 말하고, 흰긴수염고래는 세상에서 제일 큰 동물로 어른 몸길이는 무려 27미터고, 몸무게는 160톤이나 되어 코끼리 몸무게의 25배에 달하기에 '바다의 왕'이라고 한다. 고래는 하마와 가까운 동물로서 발굽이 둘인 우제류가 조상이며, 일반적으로 몸길이가 4~5미터 이상인 것을 '고래'라 하고 그보다 작은 것을 '돌고래'라 한다. 돌고래의 '돌'은 '작다'는 뜻이다. 고래는 사람처럼 포유류며, 가르치고 배우며 서로 협조하고 슬퍼할 줄 아는 아주 고등한 동물이다. 자식의 죽음에 눈물 흘리는 고래 엄마!

　고래의 여러 특징을 이해하려면 무엇보다 고래가 육지와 물가에서 살다가 다시 바다로 옮겨 갔다는 점을 생각해야 한다.

바다로 삶터를 옮길 때는 개나 고양이 크기였을 것으로 추정한다. 그런 것이 160톤이 육박할 정도로 커졌다? 이들은 5000만 년 전에 바다로 들기 시작하여 500만 년 전쯤에 바다에 완전히 적응한 것으로 짐작하는데, 물에 사는 동물이 모두 갖는 아가미가 없고 엉뚱하게도 허파로 숨 쉬는 것이 이를 넌지시 알려준다.

고래는 평생 이빨을 가지는 이빨고래아목과 태아 때는 이빨이 있지만 자라면서 퇴화하여 이빨이 없는 긴수염고래아목으로 나뉜다. 세계적으로 전자는 70여 종, 후자는 11여 종이 알려져 있으며, 우리 앞바다에는 8종이 산다고 한다. 돌고래 같은 이빨고래류는 오징어, 새우, 게, 물고기 등을 먹고, 긴수염고래류는 주로 갑각류와 플랑크톤, 무리를 지어 사는 작은 물고기를 먹는다. 후자는 위턱에 붙어 있는 케라틴으로 만들어진 커다란 빗 닮은 고래수염을 체처럼 써서 플랑크톤 등을 걸러 먹는다. 물을 한입 빨아들였다가 내뱉으면 먹잇감이 걸러지는 것이다.

생물은 환경이 바뀌면 몸도 따라 빠르게 적응한다. 땅에 살다가 수중생활에 적응하느라 포유류의 큰 특징인 털이 완전히 없어지면서 피부가 매끈해졌고, 주둥이 쪽에 흔적으로 감각털만 남아 있을 뿐이다. 정온동물이라 찬 바닷물에서 체온을 유지하기 위해 피하지방층이 무척 두꺼워졌으며, 뒷다리는 완전히 퇴화하였고, 앞다리는 아주 커다란 지느러미발로 바뀌었다. 몸은 유선형으로 변하였고, 등에는 작은 등지느러미가 있으며, 꽁무니 양쪽 끝에 수평으로 큰 혹 모양의 꼬리지느러미가 생겨나 전진 방향을 조절하는 키 구실을 하고, 지느러미발에 다리뼈가 고스란히 흔적으로 남아 있다. 어디 고래뿐이겠는가. 물개, 물범, 해달, 바다표범, 바다사자, 바다코끼리 등이 모두 비슷하게 적응하였다.

이와 같이 외형은 어류와 비슷하나 포유류의 특징을 고스란히 가지고 있으니, 사람처럼 허파로 숨을 쉬고, 자궁에서 태아가 자라며, 탯줄이 붙은 자리인 배꼽이 있고, 암컷은 하복부에 한 쌍의 젖꼭지와 커다란 젖샘이 있다. 귓바퀴는 없지만 귓구멍의 바깥귓길이 피부 밑에 함몰되어 있어 수압을 감지한다.

잠수 시간은 이빨고래 무리는 3~10분, 긴수염고래 무리는 10분 안쪽이고, 이빨을 갖는 향유고래는 30~60분에 달한다. 물속에서 떠올라 공기를 내뱉는 것을 고래의 분기噴氣라 하는데, 그 용솟음의 모양이 종별로 다 다르다. 머리 한가운데에 있는 콧구멍(분수공)으로 푸우, 푸우 공기를 내뿜으니 이는 솟구치는 허파의 더운 공기와 바다의 찬 공기가 만나 생기는 이슬 물기둥이다. 잠수하면 분수공의 뚜껑은 닫힌다. 깜빡 잠이

들면 물에 빠져 버리기 때문에 한쪽 뇌는 자지만 다른 뇌는 깨어 있는데, 이렇게 함으로써 포식자를 피할 수도 있고 적당한 시간에 물 위로 올라가 숨을 쉴 수 있다. 철새가 장거리 이동을 하면서 뇌를 교대로 사용하며 반쪽 잠을 자는 것과 같다.

예로부터 고래가 우리 민족의 생활과 연관이 있었음은 울산 울주군에 있는 신석기 시대 바위인 반구대암각화에서 엿볼 수 있다. 절벽 아랫부분 편편한 바위에는 동물, 물고기를 비롯하여 사냥, 고기잡이 같은 여러 장면이 가득 조각되어 있다. 그 가운데 배를 탄 사람들이 뒤집어진 고래를 끌고 있는 장면이

라든가, 힘차게 요동치는 고래의 모습이 사실적이면서도 동적으로 묘사되어 있다. 요즘에는 고래잡이를 하지 않고 잘 보호한 덕분에 우리나라 동해안에도 사라진 고래들이 수두룩하게 돌아와 우글우글, 버글버글 신나게 노니는 모습에 눈이 휘둥그레진다. 옛날부터 고래기름(경유)을 최고로 여겼으며 지금도 식료품과 화장품, 화약, 비누, 양초, 약품을 만드는 데 쓴다.

앞에 이야기한 암각화도 그렇지만 우리 조상은 고래와 아주 가까이 지냈기에 지혜로운 속담들을 남겼다. "고래 싸움에 새우 등 터진다"는 속담은 힘센 사람들이 싸우는 통에 아무 상

관도 없는 약한 이가 중간에 끼어 해를 입게 됨을, 그런가 하면 "새우 싸움에 고래 등 터진다"란 아랫사람이 저지른 일 때문에 윗사람에게 해가 미치는 경우를 뜻한다. "고래 등 같다" 하면 기와집이 덩그렇게 높고 큼을, "고래 그물에 새우가 걸린다", "고기는 안 잡히고 송사리만 잡힌다"란 큰 것을 목적하였으나 하찮은 것을 얻었을 때를 말한다. "고래를 잡다"란 한자어로 포경捕鯨이고, 포경包莖 수술의 포경도 포경이라, 결국 포경 수술을 속되게 이르는 말이다. 고래는 크고 많은 것을 뜻하는 탓에 술 잘 마시는 사람을 '술고래'라 하며, 방바닥 구들장 밑으로 불길과 연기가 통하게 나 있는 길은 '(방)고래'라 한다.

고등학교 때 생뚱맞게도 서울에서 전학 온 친구를 "서울내기 다마내기(양파) 맛 좋은 고래고기"라며 놀렸는데, 지금도 그 뜻을 모른다. 칭찬하면 고래도 춤을 춘다 하는데, 모름지기 가르침에는 칭찬이 으뜸이니, 늘 "너는 할 수 있다" 하고 칭찬해주자!

사시나무 떨듯 한다

사시나무*Populus davidiana*는 버드나뭇과에 속하는 갈잎큰키나무 (낙엽교목)로, 번듯하고 곧게 우뚝 선 것이 높이 10미터를 넘는 것이 보통이다. 얇은 나무껍질은 잿빛을 띤 옅은 푸른빛으로 윤기가 나며, 어려선 매끈하고 밋밋하지만 노목은 껍질눈이 얕게 갈라지면서 검은 갈색으로 변한다. 푸짐하게 달린 소소해 보이는 잎들은 서로 어긋나기하며, 길이는 3~6센티미터쯤 되고, 뒷면은 약간 흰빛이며, 잎 언저리에 얕은 물결 모양의 톱니가 있다. 한 나무에 달린 잎의 크기는 아주 다양하지만 모두 둥그스름한 삼각형과 닮았다.

잎자루는 잎보다 길고 옆면이 납작하여 미풍에도 하늘하늘 잘 떨어 온 나무가 반짝거리는 느낌을 받는다. 영어 이름은

'트렘블 트리Tremble tree'인데 우리처럼 '떠는 나무'라는 뜻이다. 잎이 떨릴 때 햇빛에 반사되어 은빛을 띠기 때문에 '흰 버드나무'란 뜻으로 '백양白楊'이라고도 한다.

좀 더 보태면 잎은 바람을 잘 받게끔 독특하게 생겼고, 그 잎에 붙어 있는 가늘고 기다란 잎자루는 나긋나긋 탄력이 있어서 작은 진동에도 예민하게 움직인다. 잎이 흔들리는 것을 보고 바람이 부는 기미를 안다고 했다. 사시나무 잎은 더 특별해서 아주 약한 산들바람에도 살랑거리며 얄랑얄랑 나뭇잎 소리를 내니 그래서 "사시나무 떨듯 한다"는 말이 유래한 것이리라.

사실 사시나무는 가장 우리와 친숙한 나무며, 나뭇잎이 팔랑팔랑 잘 움직인다고 바람나무, 팔랑버들 또는 파드득나무라고도 한다. 여기서 '파드득'이란 작은 새나 물고기 등이 조금 힘차고 빠르게 날개나 꼬리를 칠 때 내는 소리를 말한다. 아무렴, 사시사철로 이파리가 떨리기에 사시나무가 된 것이겠지! 실은 사시나무 잎은 잠시도 가만히 있는 법이 없지만, 늦여름 오후에 사시나무 잎도 까닥하지 않는 노염老炎의 찜통인 날엔 말 그대로 이마가 벗겨진다.

혹한에 칼 추위로, 또는 너무 무서워서, 또는 몸에 고열이 나면 누구나 이가 서로 부딪칠 만큼 부르르, 덜덜 떨게 될 때

우리는 흔히 "사시나무 떨듯이 떤다"고 한다. 그런데 고열로 온몸이 펄펄 끓는데도 왜 춥게 느껴 몸을 바들바들, 와들와들 떠는 것일까? 오한惡寒은 인체가 근육운동을 통해 몸속 온도를 올리기 위한 생리 반응이다. 감염과 염증성 열원인 사이토카인cytokine과 프로스타글란딘prostaglandin은 체온 중추인 시상하부에서 체온을 평소보다 높게 재설정한다. 고열로 몸에 든 병균을 맥 못 추게 하자는 것인데, 현재 체온이 정상일지라도 새로 높게 설정한 체온까지 올리려고 근육을 떠는 것이 바로 오한이다.

사시나무는 표고 100~1900미터의 산 중턱 양지쪽에 터 잡아 집단으로 나서 자라며 생장 속도가 아주 빠르다. 꽃은 4월에 잎보다 먼저 피고, 암수딴그루(자웅이주)로 암꽃과 수꽃이 각각 다른 나무에 피며, 수꽃의 긴 꽃대가 동물 꼬리처럼 뭉쳐 아래로 처지는데, 이 꼬리꽃차례가 버들강아지를 닮았다고 하여 영어로는 캣킨Catkin이라고 한다. 풍매화여서 꽃향기가 없을뿐더러 생김새도 별로다.

열매는 5월에 익으며 2~4개의 칸막이를 가진 캡슐 모양으로 속에는 아주 많고 작은 갈색 씨가 들어 있다. 열매에는 바람에 잘 날아가기 위해 가볍고 긴 하얀 솜털 뭉치인 갓털(관모)이 붙어 있다. 그것들이 한창 날리는 날에는 눈송이처럼 하늘을 뒤덮고, 눈이나 콧구멍에 달라붙어 신경을 건드린다. 이것이 호흡기에 알레르기 반응을 일으킨다 하여 절목折木의 신세가 되었다.

초여름에 나무껍질을 벗겨 햇볕에 말려서 생약재로 쓰니, 말 그대로 백양피白楊皮로 거풍, 팔다리의 마비와 통증, 신경통 등에 쓰인다. 그런데 특별히 백양피에는 포풀린populin이라는 글루코사이드glycoside가 들어 있는데 이는 살리신salicin과 비슷한 물질이다. 살리신은 버드나무에서 뽑아 가공한 해열진통제인 아스피린과 비슷한 물질이므로 그래서 백양피가 신경통 같은 통증에 효과가 있는 것이 아닐까? 목재는 끈적끈적한 수액이 없고, 역겨운 냄새가 나지 않으며 재질이 무르고 가벼워 도시락, 성냥개비, 이쑤시개, 젓가락은 물론이고 책장, 상자와 낫자루, 호미자루 같은 농기구와 종이를 만드는 펄프로 많이 쓰인다고 한다.

중국 주나라 때 묘지에 심는 다섯 수종이 있었는데, 군주의 능에는 소나무를, 왕족의 묘지에는 측백나무를, 고급 관리의 묘지에는 회화나무를, 학자의 무덤에는 모감주나무를, 서민의 무덤에는 사시나무를 심었다고 한다. 서민의 묘지에 사시나무를 심은 뜻은 죽어서도 양반을 보면 산들바람에 사시나무 떨듯이 떨라고 그랬다는 우스갯소리가 있다. 저런, 핑계 없는 무덤 없다더니만…….

사시나무속에는 사시나무 말고도 미루나무, 은백양나무, 황철나무가 있으며, 여기에 더하여 은사시나무가 있는데 이들 나무 사이에는 잡종이 잘 생기는 성질이 있다. 1950년에 육종학자 현신규 박사께서 은백양나무와 사시나무를 교잡하여 은사시나무를 얻었으니 그의 이름을 따 '현사시나무'라고도 한다. 잎 모양은 사시나무와 비슷하지만 잎 뒷면에 흰털이 좍나 있어 푹신한 느낌이 나면서 사시나무 잎보다 훨씬 희다. 이렇듯 미풍에 팔랑대는 나뭇잎의 흰빛이 햇살에 반짝거리는 품이 다른 나무에서 볼 수 없는 특이한 현상이라 하겠다.

다람쥐 쳇바퀴 돌듯

매일 반복되는 일상이 지겹게 느껴질 때나 앞으로 나아가지 못하고 제자리걸음만 할 적에 "다람쥐 쳇바퀴 돌듯" 살아가는 인생이라 하는데 "개미 쳇바퀴 돌듯 한다"도 비슷하게 쓰인다. 무미한 인생살이인 것이지. 아직도 다람쥐 키우기가 유행하는 모양인데, 우리에 둥그런 쳇바퀴를 달아 놓아 그놈들이 신나게 돌리는 것을 즐긴다. 한때는 외화벌이로 외국에 시집보낸 적이 있었으나 지금은 잡아서는 안 되는 귀한 몸이 되었다.

　다람쥐*Tamias sibiricus asiaticus*는 쥐목 다람쥣과의 포유류로 흔히 설치류齧齒類라 부르는데, 설치란 '이빨로 갉음'을 뜻한다. 세계적으로 58속 285종이 있으며 러시아, 중국, 일본, 한국에 사는데 주로 참나무 같은 활엽수림 속의 바위나 너덜겅에 많이 산다. 다람쥐 무리에는 날다람쥐(Flying squirrel), 마멋Marmot, 프레리도그Prairie dog가 더 있다. 새까만 눈은 아주 크고 귀는 짧으며, 등을 따라 다섯 줄의 희고 검은 또렷한 줄로 치장한 것이 곱상한 모습이다. 몸길이 18~25센티미터에서 3분의 1은 꼬리가 차지하며, 몸무게는 50~150그램쯤 된다. 뺨에서 귀밑까지 흰 줄무늬가 나 있고 배는 흰색이다.

주행성으로 다리는 작달막하고, 발에는 네댓 개의 발톱이 있어 뽀르르 나무 타기를 하지만 주로 땅바닥에 산다. "다람쥐 밤 까먹듯"이란 욕심스럽게 잘 먹는 모양을 이르는 말인데, 도토리나 밤을 주우면 두 앞다리로 모아 쥐고 냠냠 까먹는 모습이 참 천진스럽고 귀엽다! 입 안에 볼주머니가 있어서 5~8그램의 먹이를 옮길 수 있는데 단공류單孔類인 오리너구리, 유대류有袋類의 코알라, 원숭이 등에서 찾아볼 수 있다. 도토리, 밤, 땅콩, 버섯에서 잣나무나 개암나무 열매도 먹으며, 5~6월쯤 4~6마리 새끼를 낳아 어미 혼자서 새끼를 돌본다. "다람쥐 계집 얻은 것 같다"란 힘에 겹고 다루기 어려운 일을 맡았음을 일컫는다.

단독생활을 하지만 겨울에는 짝을 지어 겨울을 나고, 텃세 영역은 700~1400미터로 수컷이 더 넓으며, 대소변으로 영지를 표시한다. "다람쥐도 제 굴이 있다" 한다. 다람쥐는 본디

굴 파기 명수라 가을이 오면 양지바르고 으슥한 곳에 길이 2.5미터, 깊이 1.5미터나 되는 보금자리를 튼 뒤에 잠자는 방, 먹이 창고, 대소변 누는 곳으로 나눠 지낸다. 보통 때는 1분에 200번 깔딱깔딱 숨을 쉬지만 겨울잠을 잘 때는 4~5회로 줄고, 심장박동은 150회였던 것이 5회로 줄면서 빈사 상태에 빠져 에너지를 한껏 줄인다. 이렇게 배가 등가죽에 붙어 간신히 목숨만 붙었으니, 혹독한 겨울나기를 한다. 하여 몹시 추워 떠는 모양을 "서리 맞은 다람쥐"라고 한다.

다람쥐 하면 청설모*Sciurus vulgaris coreae*를 떠올린다. 다람쥐와 같은 장소에 사는 청설모는 쥐목 다람쥣과의 포유류로 보통 '파인 스퀴렐Pine squirrel'이라고도 부른다. 청설모와 다람쥐가 비슷해 보이지만 청설모가 훨씬 크고 단색이며, 다람쥐는 작으면서 등줄 무늬가 있다. 처음엔 긴가민가했는데 미국 대학 캠퍼스의 강아지만 한 것들이 다람쥐가 아니고 청설모다. 털이 부숭부숭 난 긴 꼬리가 아주 넓게 쫙 벌어지는데, 꼬리 길이가 15~20센티미터여서 몸길이 19~23센티미터와 맞먹고, 몸무게는 250~340그램이다. 서양 것은 훨씬 더 크다.

녀석들은 나무에서 살며 고루 다 먹는 잡식성 설치류로, 잣이나 솔방울을 통째로 갉아 벗겨 내어 씨를 빼 먹는다. 때때로 새알뿐만 아니라 어미 새도 잡아먹는다. 겨울 채비로 잣

씨를 아늑한 땅속에 잔뜩 묻어 두었다가 한겨울에 뒤적거려 끄집어내어 먹는다. 그러나 도통 눈썰미가 없어서 안타깝게도 일껏 숨겨둔 것을 샅샅이 다 되찾아 먹지 못한다. 거참, 필자를 비롯한 남자들이 냉장고에 든 음식을 제대로 못 챙겨 먹는 것과 다르지 않구나! 그런데 녀석들이 묻어 둔 것을 마저 되찾아 먹지 못한 것이 싹을 틔우니, 애써 길섶 여기저기에 고만고만한 잣나무를 바투 심은 꼴이다! 이거야말로 멋진 '주고받기'로 더불어 사는 세상에 공짜가 없음을 알려준다.

청설모는 나무 구새나 딱따구리 구멍을 고치고 다듬어 쓰기도 하지만, 보통은 우듬지에 가까운 원줄기에 나무 꼬챙이로 얼기설기 엮어서 지름 25~30센티미터 되는 새둥지 닮은 보금자리를 지어 새끼치기를 한다. 한 해 두 번에 걸쳐 짝짓기를 하는데, 그때면 집쥐가 그렇듯이 몸이 단 여러 수컷들이 한 마리 암컷을 놓고 한 시간 넘게 쫓고 쫓기다가 영락없이 그 가운데 힘센 놈이 암놈을 차지한다. 암놈은 여러 마리의 수놈과 짝짓기를 한다. 그리고 한 해에 두 번 꼬박꼬박 군말 없이 계절 털갈이를 한다. 청설모는 겨울을 나기 위해 겨울털로 털갈이를 하지만, 다람쥐는 털갈이를 하지 않는 대신 겨울잠을 잔다.

귀에는 뾰족하고 긴 털 뭉치인 귀깃이 있어 소리에 예민하고, 나무 위를 사부랑삽작 건너뛸 때 긴 꼬리로 나뭇가지를 붙잡아 웬만큼 몸의 균형과 방향을 조절한다. 단연 하늘을 누비는 청설모로다! 사이가 안 좋은 고양이나 까치가 가까이 나타나는 날에는 경고음으로 찍찍! 캑캑! 하고 콧소리를 내지른다. 전에 없이 개체수가 엄청나게 늘어나 잣을 다 먹어 치우기에 총에 맞아 죽는 신세가 되고 말았다.

덩치 큰 청설모는 집을 나무 위에 짓고서 잣이나 밤을 주로 따 먹고, 조막만 한 다람쥐는 주로 땅바닥에서 도토리를 주워 먹는다. 걸핏하면 다람쥐와 청설모가 서로 다투다가 다람쥐가 순순히 쫓겨나지만, 청설모와 다람쥐는 먹는 먹이와 사는 공간이 겹치지 않기에 한곳에서 함께 살 수 있는 것. 그나저나 글을 읽으면서 다람쥐와 청설모의 다른 점을 거뜬히 깨쳤으리라.

창자 속 벌레, 횟배앓이

자주 인용한 내 큰 딸내미 이야기다. 허참, 세월여류歲月如流라 벌써 그 애가 사십 중반에 들었구나. 그 아이가 중학생 때의 일이다. 나는 그날따라 일찍 귀가하여 마당의 나무를 보살피고 있는데, 딩동! 딩동! 초인종 소리가 나서 달려가 대문을 열어줬다. 문을 열자마자 딸애는 성난 얼굴로 다녀왔다는 인사도 없이 휭! 마루로 후닥닥 내달려 올라가 버렸다. 나는 속으로 '왜 저러지? 저런 아이가 아닌데' 하며 재빨리 뒤따라가 눈치를 살폈다. "혜성아, 왜 그러니?" 한참 달래고 나니, "나 오늘 아빠 때문에 창피당했단 말이야" 하고 정색을 한다. 머릿속이 하얘지는 것이 청천벽력이요, 아닌 밤중에 홍두깨다. 나중에 알고 보니 그럴 만도 했다. 종례 시간에 "권혜성, 회충

쓰리플러스!" 하는 선생님의 말에 반 친구들이 모두 까르르 웃어 젖혔다 한다.

그때만 해도 학교에서 봄가을에 두 번씩 대변검사를 하였지. 작은 비닐봉지에 콩알보다 큰 대변을 집어넣고, 실로 창창 묶어 종이봉지에 넣어 풀로 봉한 다음 학교에 가져다 내면, 한국기생충박멸협회에서 대변검사를 하였다. 그런데 문제는 다음에 있었다. 아침 일찍 학교를 가는데 그만 변 준비를 못한 혜성이가 다급한 김에 "아빠 것이라도 달라" 해서 가지고 갔던 것. 제때 내지 않으면 벌 청소가 떨어졌으니. 결국 '+++'는 내 대변검사 결과였다. 하니 "아빠 때문에……"란 고까운 말이 절로 나왔던 것. 나는 일껏 좋은 일 하나 했다고 우쭐했는데…….

지금은 회충 감염률이 0.05퍼센트에 지나지 않으니 '똥 검사'라는 것이 없어져 버렸고, '기생충 보호'를 부르짖어야 할 처지가 됐다. 회충을 보통 거위 또는 거시라 부른다. 분류학상으로는 선형동물로, 다른 기생충과는 달리 주둥이를 창자벽에 틀어박아 피를 빠는 것이 아니라 작은창자에서 소화된 양분을 빼앗는다. 기생충은 이렇게 소화가 다 된 양분이나 힘이 되는 피를 빠는 탓에 소화기관은 아주 퇴화하고 대신 생식기가 몸의 대부분을 이룬다. 사람도 이런 이가 더러 있더라.

회충의 학명은 *Ascaris lumbricoides*다. *Ascaris*는 '창자 속 벌레'란 뜻이고 *lumbricoides*는 '지렁이 꼴'이란 뜻이다. 몸의 겉이 유난히 밋밋하고 매끈매끈한 것이 긴 원기둥 모양이고, 몸 빛깔은 연한 복숭아색이거나 누런빛을 띠는 흰색이다. 회충은 몸속 기생충 가운데 제일 큰데, 수컷은 몸길이가 15~31센티미터고 암컷은 20~49센티미터로 암컷이 훨씬 크다. 암수구별은 아주 쉬운데, 수컷의 꼬리 말단에는 뾰족한 뜨개질바늘 코를 닮은 것이 있으니 그것이 교미기交尾器고, 암컷의 몸 앞쪽 3분의 1 지점에는 생식공이 있다. 사람 몸에 기생하는 다른 기생충은 거의 암수한몸(자웅동체)이지만, 회충은 다른 숙주에 기생하는 주제에 버젓이 암수까지 따로 있어 짝짓기까지 하는 유별난 놈들이로다. 그래도 녀석들이 정자를 다른 개체에서 받아 짝짓기하여 근친 교잡을 피한다니 총명하기 짝이 없다.

암놈은 하루에 알을 20만 개나 낳는다. 알은 타원형으로 똥과 함께 밖으로 나오며 온도, 습도, 산소가 적당한 여름철에는 2~3주면 성숙란으로 바뀌어 감염성을 갖는다. 세 겹의 껍데기로 둘러싸여 있어서 건조와 추위에 강해 여간해서 죽지 않으나 열에는 매우 약해 70도가 되면 죽는다.

회충의 생활사를 짚어 보자. 채소나 손에 묻어 입으로 들어온 알은 길이 70~80마이크로미터며 성숙란이라 안에 이미 애벌레가 생겼고, 알껍데기가 십이지장에서 녹으면서 그 속의 애벌레(몸길이 0.2~0.3밀리미터)가 불거져 나오니 일종의 알까기라고 할 수 있다. 애벌레는 서둘러 장벽을 뚫고 들어가 문맥을 지나 간에 도달하고, 거기서 혈관 또는 림프관을 타고 심장을 거쳐 허파에 들어가 허파꽈리에 든다. 거기서 허물벗기를 하고 2주를 머문 뒤에 기관지를 타고 올라가 후두, 인두를 지나 식도, 위, 작은창자에 이르러 거기에 자리를 잡는다. 2~3개월 반쯤 지나면 어른벌레가 되고 알을 낳기 시작한다. 이렇게 멀고도 험한 인생길인 사람의 몸을 차근차근, 구석구석 어렵사리 한 바퀴 누빈 다음에 작은창자에 다시 와서 거기서 자리 잡고 자라게 된다. 왜 기생충은 하나같이 한살이가 이렇게 복잡한지는 해석하기 힘들다.

회충은 몇 마리만 있으면 별다른 증세가 없으나, 어른벌레 수십 수백 마리가 더부살이하는 경우엔 작은창자를 틀어막아 심한 복통을 일으키니 그것이 횟배요, 거위배다. 흩어져 자리하고 있던 놈들이 누가 먼저랄 것도 없이 짝짓기를 하려고 한 곳에 바투 모여 휘몰이 치는 것이다. 겨울을 막 지낸 초봄에 굴속에 뱀 수백 마리가 떼를 지어 짝 찾겠다고 설칠 때 만들어지는 뱀 덩이를 '교미 공(Mating ball)'이라 하듯이, 회충도 암수가 뒤엉켜 커다란 뭉치를 지워 그것이 작은창자를 막고 창자를 누르니 배앓이를 하게 된다. 담배를 피우면 아린 횟배가 스스로 가라앉기도 하는데, 이는 회충이 니코틴을 싫어하기 때문이다. 이 밖에도 회충증에는 설사, 고열, 메스꺼움, 구역질, 위경련, 성장 지연, 쇠약 같은 증세가 나타난다. 쓸개에 들어가 염증, 췌장에 들어가서 췌장염, 맹장에 들어가서 맹장염을 일으킨다. 애벌레에 감염되면 1~2주일쯤 지나 기침과 피가래, 발열이 있고, 심하면 출혈성 폐렴을 일으킨다. 회충 감염을 예방하기 위해서는 무엇보다 인분을 비료로 쓰지 않는 것이 제일이고, 채소를 깨끗이 씻어 먹어야 한다.

그냥 가볍게 볼 기생충이 아니다. 한때 지지리도 못살았던 우리나라는 '기생충 천국'이었던 지라 남세스럽지만 어쩔 수 없이 당할 수밖에 없었다. 필자를 포함하여 한 사람이 한두 가지 기생충에 걸린 것은 예사였다. 생각하면 화가 치밀지만 어쩌겠나. 그때는 다들 그랬다. 지금도 북한이나 여러 후진국에선 애석하게도 옛날 우리처럼 회충과 여러 기생충에 시달리면서 그들의 밥이 되고 있을 것이다. 말도 많고 탈도 많은 회충이다.

화룡점정, 용이 구름을 타고 날아 오르다

"안 본 용은 그려도 본 뱀은 못 그린다"고 한다. 눈앞에 있는 사실을 실제대로 파악하기는 어려움을, 또 허투루 말하기는 쉬우나 실제로 하기는 어려움을 비유한 말이다. 얼토당토않게 엉터리도 유만부동이지, 용을 만나 본 사람 있으면 얼른 나와 봐라. 거짓부렁인 줄 번연히 알면서도 모르는 새 우리 문화에 깊숙이 뿌리를 내렸으니…….

용은 아홉 동물과 비슷한 모습을 하고 있으니 머리는 낙타, 뿔은 사슴, 눈은 토끼, 귀는 소, 몸통은 뱀, 배는 큰 조개, 비늘은 잉어, 발톱은 매, 주먹은 호랑이와 비슷한 괴물로 크게 보아 거대한 뱀이나 도마뱀을 닮았다. 용과 닮은 괴물로 고대 그리스 전설에 나오는 키메라는 사자 머리, 염소 몸통, 뱀 꼬리를 가진 종의 경계를 뛰어넘은 잡종이어서 '악의 힘'을 가진 불길한 것으로 삼는다. 그런데 그 괴물이 전설에서 끝나지 않고 검은색과 흰색 털의 마우스 세포를 합쳐 키메라 마우스를 만들거나, 양과 염소의 태아 세포를 합하여 키메라 동물을 만드는 것쯤이야 흔한 일이 되었다.

용은 초록색, 붉은색, 누런색, 흰색, 검은색 등으로 나타낸다. 몸의 비늘은 81개며, 소리는 구리 쟁반 울리는 소리 같으며, 입 주위에는 긴 수염이 있고, 턱 밑에는 구슬이 있으며, 목 아래에는 거꾸로 선 거치적거리는 비늘이 있으니 이를 역린逆鱗이라 한다. 역린을 만지는 자는 반드시 생죽음에 이르게 된다 한다. 역린은 '군주가 노여워하는 군주만의 약점 또는 발끈한 노여움'을 뜻하기도 하여, "역린을 건드리지 말라" 하면 고분고분하지 않고 윗사람의 심기를 어지럽히면 큰 화를 입을 수 있으니 조심하라는 뜻이다.

용은 기린, 봉황, 거북과 더불어 사령四靈이라 불린 상상의 동물이다. 온갖 동물의 수장으로 뱀, 도마뱀, 물고기, 게, 거북이, 조개 등을 이끌어 물을 관장하는 성령聖靈이라 여겨왔다. 그리고 "용이 여의주를 얻으면 하늘로 올라가고야 만다"고 하는데, 무엇이나 어떤 단계에 이르면 최종적인 결과에 이르게 됨을 비유한 말이다. 용을 상징하는 여의주는 모든 소원을 들어주는 구슬로 바다, 비, 안개, 번개, 성장과 재생을 지배하고 불의 기운이나 빛을 불러온다고도 한다. 그래서 일이 뜻한 대로 잘되어 갈 적에 "여의주를 얻었다"고 한다. 그런가 하면 "용이 물 밖에 나면 개미가 침노한다", "용이 개천에 빠지면 모기붙이 새끼가 엉겨 붙는다"고 아무리 좋은 처지에 있던 사람이라도 불행한 환경에 빠지면 하찮은 사람에게도 모욕을 당하고 괄시를 받게 된다.

중국 용이 들어와서 우리 문화에 걸맞은 새로운 용이 되었다. 일찌감치 풍운의 조화를 다스리는 수신水神, 해신海神으로, 국가의 수호신이자 왕실의 조상신으로 우러러 받들게 되었고, 제왕의 헌걸찬 권력을 상징하는 동물로 쓰였다. 용 가운데 황룡이 제왕을 상징하였고, 왕실의 건물이나 의복, 용품에는 황룡이 그려졌다. 그런데 신분에 따라 발톱의 개수를 다르게 하였으니, 제왕은 발톱이 다섯 개인 오조룡, 태자나 제후는 사조룡, 세손은 삼조룡을 써서 구분하기도 했다. 당연히 오조룡은 왕실에서만 그릴 수 있었고, 그렇지 않았다가는 역린을 건드리는 꼴이 된다. 그리고 임금을 나타내는 말에는 용 자를 썼으니, 예컨대 임금의 얼굴은 용안龍顔, 임금이 앉는 자리는 용상龍床이라 했고, 임금이 입는 옷은 용포龍袍, 임금의 지위를 용위龍位라고 했다.

용은 하늘을 날고 하늘로 올라가는 능력이 있는데, 보통 용에게는 날개가 없으니(서양 용은 날개가 있음), 아무래도 머리에 덩그러니 나 있는 뿔에 비행 능력의 비밀이 있을 것이라고 생각한다. "바람 따라 구름 가고, 구름 따라 용이 간다"고 하는데 이는 모든 현상이 서로 밀접하게 연관한다는 말이다. 용은 아름다운 보석과 제비 고기를 좋아하고, 반대로 철, 망초, 지네, 명주실 등을 싫어한다. 화룡점정畫龍點睛은 "용을 그린 다음 마지막으로 눈동자를 그려 넣는다"는 뜻으로 가장 중요한 부분을 끝내므로 일을 마친다는 뜻이다. 용을 그리고 난 뒤에 마지막으로 눈동자를 그려 넣었더니 진짜 용이 되어 홀연히 구름을 타고 하늘로 날아 올라갔다는 고사에서 유래한다. 또 글짓기나 일을 하는 데서 가장 중요한 한 대목을 잘함으로써

전체가 활기차게 살아 움직이게 됨을 이르는 말이기도 하다.

우리 토박이말로 용을 '미르'라고 하며, 용이 되려다 못 된 뱀을 '이무기'라고 한다. 이무기는 깊은 물속에 사는 큰 구렁

이로 천년을 묵으면 용이 되어 하늘에 오른다고 믿었다. "용 못 된 이무기"란 의리나 인정은 찾아볼 수 없고 심술만 남아 있어 남에게 손해만 입히는 짓궂은 사람을 말하므로, "용 못 된 이무기 방천 낸다"란 못된 사람은 못된 짓만 한다는 뜻이다. 한편 용은 뛰어난 사람이나 거룩한 성취를 나타내니, 입신출세하여 세상을 얻는 관문을 등용문登龍門이라 한다. "개천에서 용 난다"란 천한 집안이나 변변치 못한 부모에게서 훌륭한 인물이 나는 경우를, "미꾸라지 용 됐다"는 미천하고 보잘것없던 사람이 크게 되었음을 일컫는다. 또한 어떤 사람의 용모나 처지가 좋아졌을 경우에 "용 됐다" 하고, 요새 유행하는 말로 개천에서 나 용이 된 남자인 '개룡남'이 있다. 예로부터 용은 복을 가져다주는 존재로 인식하여 용꿈을 꾸면 재수가 좋다고 믿었으며, 바다에서 회오리바람이 일어나는 것을 용이 하늘로 오르는 '용오름'이라고 하고, 바다 밑 용궁에 사는 용왕을 달래는 '용왕제'를 지낸다.

용두사미龍頭蛇尾란 "용 머리에 뱀 꼬리"인데 시작은 그럴 듯하나 끝이 흐지부지 나빠짐을 뜻한다. 반대로 처음에 세운 뜻을 이루려고 끝까지 밀고 나가는 것은 초지일관初志一貫이다. 바라건대 용두사미 되지 않게 만사를 초지일관 떠밀고 나갈지어다.

귀신 씨나락 까먹는 소리한다

쌀의 원산지는 8200년쯤 전 중국 주장 강으로 추정한다. 쌀은 크게 보아 우리가 먹는 차지면서 쌀알이 짧은 일본 품종(자포니카)과 점도가 낮아 밥알이 따로 노는 길쭉한 인도 품종(인디카)으로 나뉜다. 세계적으로 거래되는 쌀의 90퍼센트를 차지하는 인디카는 흔히 안남미(Annan rice)로 부르는데, 베트남의 안남 지방의 이름을 딴 것이다. 쌀은 흰색, 갈색, 검은색, 자주색, 붉은색이 있다. 세계 인구의 40퍼센트 정도가 쌀을 주식으로 하며, 밀 다음으로 많이 생산되는 곡식이다. 필리핀에 있는 국제쌀연구센터(International Rice Research Institute)에서는 비타민 A를 가진 '황금의 쌀' 개발에 노력을 쏟고 있고, 품종개량을 위해 10만 품종 넘게 보관하고 있다 한다.

벼의 학명은 *Oryza sativa*인데, 속명인 *Oryza*는 '쌀'이란 뜻이고, 종명인 *sativa*는 '재배'란 뜻으로 보통 '아시안 라이스Asian rice'라 한다. 벼는 주로 열대와 아열대 지방에서 잘 자라며, 논벼 말고 밭벼가 있는데 그것은 수확이 떨어져 우리나라에는 잘 심지 않는다. 벼는 배젖의 특성에 따라 메벼와 찰벼로 나누며, 멥쌀은 주로 밥으로 찹쌀은 떡으로 쓰인다. 쌀알은 제일 겉의 등겨, 쌀겨(속겨), 쌀눈, 배젖으로 나누고, 등겨와 쌀눈이 고스란히 남게 겉겨만 쓿은 것이 현미이고, 여러 번 도정한 백미는 맑고 하얗지만 영양가가 떨어진다.

등겨, 쌀겨 하니 생각난다. 조강지처糟糠之妻란 가난한 살림을 함께 꾸려 온 아내를 이른다. 조糟란 모주를 짜내고 남은 찌꺼기인 지게미, 강糠은 쌀겨라는 뜻으로 지게미와 쌀겨로 끼니를 이어 가며 고생한 본처를 이르는 말이다. 그렇고말고! 빈천지교불가망貧賤之交不可忘이요, 조강지처불하당糟糠之妻不下堂이라. 가난할 때 친했던 친구는 잊어서는 안 되고, 지게미와 쌀겨를 먹으며 고생한 아내는 집에서 내보내지 않는 법이다. 은혜는 돌에 새기는 것!

벼는 속씨식물로 외떡잎식물 볏과의 한해살이풀이다. 줄기는 1미터쯤 자라고, 잎은 가늘고 길며, 꽃에는 수술 여섯 개와 암술 하나가 들어 있으며, 제꽃가루받이를 한다. 벼 줄기는 안이 비었다. 벼 뿌리가 연이나 다른 수생식물처럼 물속에 있는 탓에 뿌리에서 충분히 공기를 얻을 수 없으므로, 잎이나 줄기의 기공에서 얻은 공기를 줄기를 통해 뿌리에 전해야 하기에 그렇다. 이렇듯 수생식물은 줄기나 뿌리줄기에 듬성듬성 큰 틈인 통기조직이 있어서 거기에 공기를 저장한다.

벼는 12개의 염색체(2n=12)지만 3, 4배체도 있다. 성숙하면 줄기 끝에 이삭이 나와 7월 말에서 8월 초에 꽃이 핀 뒤에 열매를 맺는다. "벼 이삭은 익을수록 고개를 숙인다"란 말은 교양이 있고 수양을 쌓은 사람일수록 겸손하고 남 앞에서 자기를 내세우려 하지 않는다는 뜻으로, "병에 찬 물은 흔들어도 소리가 나지 않는다"와 같다. 쌀의 성분은 대체로 탄수화물 70~85퍼센트, 단백질 6.5~8퍼센트, 지방 1~2퍼센트며, 쌀 100그램의 열량은 360칼로리다. 참고로 세계 3대 곡식류의 3대 영양소를 보면 단백질이 밀은 12.6퍼센트, 옥수수는 9.4퍼센트, 쌀은 7.1퍼센트고, 지방이 옥수수는 4.74퍼센트, 밀은 1.54퍼센트, 쌀은 1.54퍼센트다. 쌀이 단백질과 지방 면에서 제일 떨어진다.

옛날 같으면 논 골에 물 대어 소에 부리망 씌우고 멍에 얹어 쟁깃술 끝 보습을 논바닥에 깊게 박아 논을 갈아대니 흙 속살이 척척 갈라져 나자빠졌다. 써레질하여 흙을 고르고 흙덩

어리를 으깨어 반반하게 자리를 만들고 삽으로 골 지어 볍씨(씨나락)를 골고루 뿌려 두었다. 알아듣지 못하게 중얼거릴 때 "귀신 씨나락 까먹는 소리한다"고 하던가. 요새는 직사각형의 목판에 볍씨를 싹 틔워 이앙기에 올려 심어 버린다. 제초제도 쓱쓱 뿌려 버리니 농사짓기 세상 편하다.

"가문 논에 물 들어가는 것과 배고픈 자식 입에 밥 들어가는 것이 제일 좋다"고 하지 않는가. "하지를 지나면 발을 물꼬에 담그고 잔다"고, 벼농사를 잘 짓기 위해서는 논에 물을 잘 대는 것이 중요하기 때문에 논에 붙어살다시피 해야 한다. 가뭄으로 타는 날에는 물꼬를 놓고 싸움이 벌어지니, 필자도 해 봤듯이 인정사정없이 야밤에 몰래 우리 논 쪽으로 살짝 물길을 바꾼다. 이는 자기 논에만 물을 끌어 넣는다는 아전인수我田引水란 말을 떠오르게 하는 대목이다. 그리고 "자식은 내 자식이 커 보이고 벼는 남의 벼가 커 보인다"란 농심을 잘 표현한 말이다. 게다가 곡식은 주인 발소리를 듣고 자란다고 한다. 자식 농사도 그런 것!

벼의 알 톨을 입쌀이라 하고 한자로는 '米미'로 쓴다. 한자를 풀어 보면 八, 十, 八이 모여 만들어졌으니 한 톨의 쌀알을 얻는 데 88번의 손길이 간다는 뜻이다. 88세를 미수米壽라고 한다. 하여 안방 뒤주에서 쌀 한 쪽박을 떠서 절미節米하고, 부억으로 가져와 바가지에 싹싹 문질러 씻은 쌀뜨물은 시래깃국 끓이는 데 썼고, 뉘까지도 껍질을 까서 밥에 보탰다. 그런데 "야! 배고픈데 지금 찬밥, 더운밥 가릴 때냐?"라고 하는데 '찬밥'이 어쨌기에 그런 말이 나왔을까? 그렇다. 전분은 소화가 잘 되는 알파전분과 물에 녹지 않고 좀처럼 소화되지 않는 베타전분이 있는데, 더운밥이 전자고 찬밥은 후자라 그런 것이다. '찬밥 신세' 되지 않게 평소에 베풀고 살지어다.

벼는 하나도 버릴 것이 없다. 왕겨는 베갯속에 넣거나 번개탄을 만들었고, 속겨는 비료나 비누의 원료로 쓴다. 짚은 소

먹이는 여물 쑤는 데 첫째고, 새끼를 꼬아서 멍석 짜고, 지붕 이엉과 짚동 우리를 만들었으며, 작두로 짚 토막을 내어 황토에 섞어 담벼락을 쌓았다. 쓸모가 아주 많은 짚이다! 그러나 필자는 짚 하면 뭐니 뭐니 해도 사랑방에서 삼아 신던 짚신짝 생각이 머리에 머물러 있다. 지푸라기 또한 우리 생활 문화의 고갱이였다. 곱게 운명하거나 잡았던 권력이나 누렸던 호강이 하루아침에 몰락할 때를 "짚불 꺼지듯 한다"고 한다. 태어나 엄마 젖 말라 쌀미음 먹고 살아나서, 긴긴 평생을 쌀 축내더니만, 어언간 늙어 죽어 입안에 한가득 쌀을 물었구나!

양 머리를 걸어놓고
개고기를 판다

양두구육羊頭狗肉이란 "양 머리를 걸어놓고 개고기를 판다"는 뜻으로, 겉은 그럴듯해 보이나 속은 변변치 못한 것이나 겉과 속이 서로 다름, 즉 말과 행동이 일치하지 않음을 뜻한다. 이 말은 『안자춘추晏子春秋』에 나오는 이야기다.

춘추시대 제나라 영공靈公은 궁중의 여인들을 남장시켜 놓고 즐기는 괴벽이 있었는데, 이 습성이 민간에도 번져 남장 여인이 나라 안 도처에 퍼져 나갔다. 이 소문을 들은 영공은 왕명을 내려 궁중 밖에서 여자들이 남장하는 것을 금지하였으나 영 씨가 먹히지 않았다. 영공은 신하들에게 백성이 왕명을 따르지 않는 이유를 물었다. 이에 안자晏子는 "폐하께서 궁중 안에서는 남장 여인을 허용하시면서 궁 밖에서는 금하시는 것은 마치 '양의 머리를 문에 걸어놓고 안에서는 개고기를 파는 것'과 같습니다. 이제부터라도 궁중 안에서 여자의 남장을 금하소서"라고 대답했다. 영공이 안자의 말대로 궁중에서도 여자가 남장하는 것을 금했더니 한 달이 못 되어 온 나라에 남장 여인이 없어졌다고 한다.

모름지기 윗사람이 솔선수범해야 한다. 양두구육과 같은 말로 겉과 속이 다르다는 표리부동表裏不同, 겉으로는 복종하는 체하면서 마음으로 배반한다는 면종복배面從腹背, 말로는 친한

척하나 실상은 해칠 생각을 한다는 구밀복검口蜜腹劍이 있다.

개는 식육목 갯과의 포유류로 인간이 키워 온 가장 오래된 가축이다. 한자로는 견犬, 구拘, 술戌로 쓴다. 개의 조상은 인도에 살던 회색늑대Canis lupus로 학명에서 보듯 개는 늑대의 아종이다. 미토콘드리아DNA 분석 결과 개는 33,000~36,000년쯤 전에 늑대에서 개로 바뀌기 시작한 것으로 추정하며, 지금의 개처럼 길들여진 것은 수백 년일 것으로 짐작한다. 지금 살고 있는 400품종이 넘는 개 가운데 가장 작은 요크셔테리어Yorkshire terrier는 113그램에 지나지 않으며, 가장 큰 것은 잉글리시 마스티프English mastiff로 무려 155.6킬로그램이나 된다. 모

든 개는 염색체가 78개로 유전적으로 같은 종이다.

개는 발끝만 땅에 대고 발가락으로 걷는 지행성으로 발가락은 앞발에 다섯 개, 뒷발에 네 개다. 하는 짓이 더럽고 치사스러운 사람을 비웃어 "개 귀의 비루를 털어 먹어라" 한다는데, 귓바퀴는 18개가 넘는 근육으로 귀를 세우고 눕히며 기울이고 돌린다. 청각은 발달하여 사람보다 네 배나 먼 거리의 소리까지 들을 수 있다. 말 그대로 '개 코'라 후각은 사람보다 10만에서 100만 배나 예민하다. 혓바닥 빼고는 피부에 땀샘이 없다. 땀이 잘 나지 않는 개 발에 땀이 날 만큼 해내기 어려운 일을 이루려고 안간힘을 다함을 일러 "개 발에 땀난다"라 한다. 수캐의 음경에는 뼈가 있으니, 이렇게 골격계 밖에 뼈가 생기는 것을 이소성골異所性骨이라 한다.

은혜를 잊지 않는 충견 이야기는 우리를 낯 뜨겁게 한다. '개만도 못한', '개 같은 새끼'들이 득실거리는 세상이라 하는 말이다. 개는 눈치가 빨라서 집안에서 누가 제일 어른인가도 잘 알아보며, 밥 주는 사람에게 제일 순종한다. 아무튼 매정한 인간들이다. 자기를 따르던 개도 토끼잡이를 끝내면 서슴없이 잡아먹는 토사구팽兎死拘烹을 예사로 하니 말이다.

개고기는 우리나라를 비롯하여 중국, 베트남에서 많이 먹는 편이며 스위스에서도 일부 먹는다고 알려졌다. 잠시 딴 이야기다. 이제는 고인이 된 필자의 대학 은사님(김준민 선생님)이 미국 미시시피 대학에 교환교수로 다녀오셔서 우리에게 들려주신 미담이다. 어느 날 미국 교수들이 "너희들은 개고기를 먹는다"며 도도하게 다그치고 발칙하게도 막 면박을 주더란다. 이 말을 듣다 뿔이 난 선생님은 만판 당하고 계실 분이 아니시니 "그러는 당신들은 개고기를 먹지 않느냐?"고 반박을 하셨다. 그러자 그곳 교수들이 우리가 무슨 개고기를 먹느냐고 우기니 재치 넘치는 나의 은사님은 의기양양하게 한방 날리셨다. 어떻게? "당신들도 개고기를 먹는다. 핫도그Hotdog는 개고기가 아니고 뭐냐?" 달팽이 눈이 된 미국 교수들, 쌤통이다!

그 뒤에 그곳 교수 한 분이 서울에 있는 대학에 교환교수로 왔다. 선생님은 그분에게 점심때마다 보신탕을 듬뿍 대접하시면서 '한국 곰탕'이라 이야기하며 마냥 속였다. 그러자 그는 점심때만 되면 '코리안 곰탕'을 찾았단다. 달포 동안 선생님이 여남은 번 대접한 뒤에 "실은 당신이 그동안 먹은 것은 한국의 보신탕이다" 하고 실토하셨단다. 영락없이 발칵 뒤집힐 줄 아셨는데 의외로 미국 교수는 "No problem, so tasty!" 하며 좋아했다고. 자고로 음식 까탈 부리는 사람 치고 성깔머리 수더분한 사람 없더라.

철없이 함부로 덤비는 경우를 "하룻강아지 범 무서운 줄 모른다" 하고, 잔소리를 자꾸 되풀이할 때 "개가 벼룩 씹듯" 한다 하며, 미운 사람에게 이로운 일은 하지 않겠다고 "개 꼬락서니 미워서 낙지 산다" 한다. 옷차림이나 지닌 물건 따위가 제격에 썩 어울리지 않을 때 "개 발에 편자"라 하고, 보잘것없이 허름하고 빈약한 것을 낮잡아 "개 발싸개 같다" 한다. 제 천성은 고치기 어렵다는 뜻으로 "개 꼬리 삼 년 묻어 두어도 황모 못 된다" 하고, 평소에 좋아하는 것을 싫다고 할 때에 "개가 똥을 마다한다"고 하며, 귀천을 가리지 않고 돈을 벌어서 값지게 산다는 뜻으로 "개같이 벌어서 정승같이 산다" 하고, 보통 때에는 흔하던 것이 꼭 필요할 때에 찾으면 드물고 귀하다는 뜻으로 "개똥도 약에 쓰려면 없다"고 한다. 당구삼년폐풍월堂狗三年吠風月이라, 서당 개 삼 년에 풍월을 읊는다고, 무식한 사람도 배우는 환경에 오래 있다 보면 유식해진다지. 또 "개 눈에는 똥만 보이고 부처님 눈에는 부처만 보인다"고 평소에 자기가 좋아하거나 관심을 가진 것만이 눈에 띈다는 말이다. 우리 모두 성불成佛합시다!

손뼉도 마주 쳐야 소리가 난다, 고장난명

고장난명孤掌難鳴이라고, 외손뼉은 울릴 수 없다. 손뼉도 마주 쳐야 소리가 난다는 것으로 혼자서는 아무 일도 이루기 힘들 다는 말이다. 여반장如反掌이란 손바닥 뒤엎듯 태도 바꾸기를 아주 쉽게 함을 뜻한다. "쉽기가 손바닥 뒤집기다"란 "누워 떡 먹기"요, "식은 죽 먹기"와 같은 뜻이다. 그런데 "제 손도 안 팎이 다르다"고 손 하나도 손바닥과 손등이 다르니 남들끼리 마음이 서로 같지 않은 것은 당연한 것. 뿐만 아니라 같은 손 가락에도 제가끔 길고 짧음이 있어서 "한 어미 자식도 아롱이 다롱이"라 했다. 또한 왼손잡이, 바른손잡이, 한손잡이, 양손 잡이도 있더라.

모르긴 몰라도 사람의 손에는 그 사람의 운명이 박혀 있다

는데, "오른손에는 수명이 있고 왼손에는 부귀영화가 있다"고
한다. 손은 손등과 손바닥으로, 손바닥은 다시 손가락과 손바
닥 한가운데인 장심掌心으로 나뉜다. 수상手相은 손금만 아니
라 팔, 손, 손가락, 손톱의 생김새와 살색과 두께 등을 보며,
손의 모든 것을 관찰하여 그 사람의 성격과 일생을 파악하는
것이다. 손금에 생명선이라는 게 있는데, 내 것은 연달아 잘
나가다가 끝자리에 가 일부가 끊겨졌기에 칼로 금을 파서 이
어 줄까 하다가도 아서라, 인명재천人命在天이라 했다.

　손에는 그 사람이 살아온 역사의 나이테가 소복이 박혀 있
다. 고된 일들 마다 않고 하느라 손발톱 길 새 없는 고목나무
껍질 같은 아버지의 두 손, 궂은 일 죄다 하느라 지문마저 지
워진 땀기 없는 어머니의 손, 경운기 바퀴에 약손가락을 날려
버린 친구의 손, 이제 막 돌 지난 손자 놈이 풀밭에 쪼그리고
앉아 함초롬히 피어난 싱그러운 꽃잎 만지는 고사리손, 새벽
정화수 떠 놓고 손바닥 싹싹 비비며 자식 잘되기를 비는 손,
법당과 교회당에서 합장하고 기도하는 손, 제자 등을 만져주
는 선생님의 손, 목 축이려 옹달샘 물을 뜨는 오므린 두 손,
씨앗 뿌리고 흙을 토닥토닥 다져주는 손, 오랜만에 집에 온
자식 손을 만져주는 아내의 손, 손뼉을 치고 크게 웃으며 박
장대소拍掌大笑하는 손, 뺨따귀 갈겨주는 손, 회초리로 매 맞는

손 등 손의 쓰임새가 많기도 하다! 손바닥 하나에 우주가 들었다!

사람이 곧추서서 걷다 보니 손이 달랑 자유롭게 되었고, 그래서 손은 정교한 도구를 만들어 다루게 되어 여러 문명을 만들었으며, 드디어 정교하기 짝이 없는 컴퓨터나 스마트폰까지 만들기에 이르렀다. 현대 문명에 마냥 어이없고 혼란스러울 뿐이다. 만일 사람 손이 발처럼 생겨서 엄지손가락이 다른 네 손가락과 닿지 않는다면 연필도 다섯 손가락으로 감아쥐는 어린아이나 원숭이 꼴이 될 뻔했다. 인간 문화는 이렇게 손가락 맞닿기에서 시작한 것. 한데 두 손 없는 사람들이 신통하게도 발을 손처럼 자유자재로 쓰는 것을 더러 보았다. 손 대신 발로 사는 사람들 말이다!

손의 끝자락에 있는 손가락은 엄지손가락(엄지), 집게손가락(검지), 가운뎃손가락(중지), 반지손가락(약지)과 새끼손가락(소지)으로 나뉜다. 엄지손가락은 다른 것들이 뼈마디가 세 마디인 것과 달라서 뼈마디가 두 개다. 제일 긴 가운뎃손가락을 중심으로 키를 재어 보면 검지가 약지보다 긴 사람이 25퍼센트고, 나머지 75퍼센트는 약지가 검지보다 길다. 그리고 손뼈는 손목뼈 8개, 손허리뼈 5개, 손가락뼈 14개로 모두 27개다. 이들 손가락과 발가락에 뼈 하나가 없는 수가 있으니 이것이 단지증短指症이고, 손발가락이 두 개 또는 그 이상이 오리발처럼 서로 달라붙은 경우가 합지증合指症이다. 그래서 임신일 때 오리 알이나 오리고기를 먹지 말라는 것인데, 과학적으로 얼토당토않은 말이다.

"도둑이 제 발 저리다"고 수사관은 범인에 대해 "손바닥 (금) 보듯이" 훤히 다 알고 있는데 구구히 "손바닥으로 하늘 가리기"를 할 수는 없을 터. 범죄꾼은 칼로 지문을 지워 무늬를 바꿨다고 안심하더라도 지문은 원래대로 재생한다는 것을 모르는 소치다. 요샌 지문 말고도 머리카락이나 침, 가래, 혈흔 같은 세포에 든 DNA로 범인을 잡는다. 심지어 일란성 쌍생아도 지문이 서로 다르다고 한다. 그런데 흑인은 온몸이 다 까매도 손바닥과 발바닥은 희다는데 네 다리로 걸을 적에 땅바닥을 디뎠던 때문일까?

"손톱이 길면 몸이 게으르고 머리가 길면 마음이 게으르다"고 했거늘, 살아있는 동안에 손톱은 하루에 0.1밀리미터씩 길고, 발톱은 자라는 속도가 손톱보다 느려서 나흘에 0.1밀리미터쯤 자란다. 몸의 부위마다 세포 분열 속도가 다른 것도 재미나는 대목이다. 건강하면 손발톱도 윤기가 나고 빨리 자란다니 역시 여기에도 건강이 스며 있다. '손바닥만 한' 작은 손에 오장육부가 복사된 손바닥 혈 자리가 있어서 지압 효과가 있다. 손바닥에 혈 자리가 있다면 발바닥에도 있는 것은 정한 이치.

헬렌 켈러는 "손으로도 음악을 들을 수 있었다"고 했던가. 여태 눈귀 안 먹은 것만도 최상의 행복이다. 세월아, 네월아 가지를 마라. 늙음이 서럽다. 늙으면 손에도 피돌기가 적고 느려져서 오뉴월 한여름에도 지긋이 나이 잡순 쭈그렁이 어른들이 목장갑을 끼는 것은 예삿일이며, 쥐엄쥐엄 곤지곤지로 시작한 조막손이 나이를 먹어 까무족족한 개구리 살 껍데기가 된 손등에는 맥 빠진 시퍼런 핏줄만 퍼져 있다. 그런데 게으름뱅이가 행복하게 사는 걸 못 봤다. 이를 테면 행복은 흘린 땀에 정비례한다! 게을러서 "손바닥에 털이 나겠다" 하고 놀림당하지 않게 일해야지. 착한 일만 하고 살아도 짧은 인생이니 올곧고 어질게 살리라.

기린은 잠자고
스라소니는 춤춘다

재주가 남달리 뛰어난 젊은이를 가리켜 기린아麒麟兒라고 하는 데서 알 수 있듯이 기린은 훌륭함을 상징한다. 그래서 "짐승 중에 기린이다" 하면 여러 사람 가운데 가장 훌륭한 사람을 뜻하고, "우마牛馬가 기린 되랴"란 아무리 노력해도 제가 타고난 대로 밖에는 안 됨을 이른다. "까마귀 학 되랴", "나무 뚝배기 쇠 양푼 될까", "닭의 새끼 봉 되랴"와 맞먹는다. 그리고 성인은 깊숙한 곳에 들어앉아 있고 간악한 사람들이 날뛸 때 "기린은 잠자고 스라소니는 춤춘다" 하고, 기린을 성인이 세상에 나올 징조로 보았기에 "기린이 나면 성인이 난다" 했고, 뛰어난 사람도 늙어서 기력이 없어지면 그 능력을 충분히 발휘할 수 없음을 "기린이 늙으면 노마老馬만 못하다"고 한다.

이제 천성이 곱고 정겨워 보이는 진짜 기린 이야기를 해보자. 기린*Giraffa camelopardalis*은 발굽이 둘인 우제류 기린과의 초식동물로 주식은 아카시아며, 종명 *camelopardalis*는 낙타를 닮았다는 뜻이다. 천적은 사자지만 물을 마실 때 악어의 공격을 받기도 한다. 새끼는 표범, 점박이하이에나, 야생 개에게 잡아먹힌다. 물을 마실 때에는 앞다리를 좌우로 넓게 벌리고 무릎을 약간 구부려 몸을 낮추지만 모세혈관이 덩어리 진 괴망怪網이 있어 피가 머리로 쏠리는 것을 막는다.

기린은 아프리카 사하라 사막 남쪽 사바나, 초원, 툭 트인 숲 지대에 많이 산다. 미토콘드리아DNA로 분석한 결과 털색에 따라 9아종으로 나뉜다. 무엇보다 긴 목과 다리가 특징이고, 앞다리와 뒷다리를 동시에 움직여 달릴 수 있어서 최고 속도가 시속 60킬로미터다. 누웠다 일어나기도 하며, 잠은 누워서 잔다. 동물원에 있는 기린은 하루에 네 시간 반쯤 잔다.

기린은 소 같은 반추동물로 네 개의 방이 있는 반추위를 가지며, 창자 길이가 80미터에 달하고, 간은 작은 편으로 쓸개는 태어나기 전에 없어진다. 포유류 가운데 가장 키가 크고, 수컷은 암컷보다 훨씬 크다. 어깨 높이 2.7~3.3미터, 앞발굽에서 뿔 끝까지 5~6미터, 몸무게는 수컷이 1100~1932킬로그램, 암컷이 700~1182킬로그램이다. 몸엔 밤색 얼룩무늬와 사이사이에 흰색의 넓은 그물눈 모양의 줄무늬가 번져 있는데, 주위 환경과 비슷하여 위장하기에 알맞은 몸빛이다. 목덜미에 짧은 갈기가 줄지어 나며, 꼬리 끝에 털 뭉치가 있다. 성대는 발달하지 않아 낮은 소리를 내며, 멀리 있을 때는 초음파를 날려 서로 소통한다.

긴 목과 다리에 비해 몸통은 작고 짧은 편이고, 머리 양편에 불룩 솟은 천연색을 보는 큰 눈으로 온 사방을 살핀다. 후각과 청각은 아주 예민하다. 모래나 개미가 콧구멍으로 들어가는 것을 막기 위해 콧구멍을 닫을 수 있고,

50센티미터에 달하는 유연한 혀로 나뭇잎을 쥐어 잡아 뜯어 먹는다. 2미터나 되는 매우 긴 모가지는 다른 포유류처럼 일곱 개의 목뼈로 되었으며, 목뼈 하나하나의 길이가 28센티미터다. 이 목이 자라나는 것은 태어난 다음이며, 만일 새끼가 그렇게 목이 길었다면 출산에 숱한 어려움이 따랐을 터다.

암수 모두 뼈로 된 두 개의 뭉툭하고 짧은 뿔을 가지고 있으며, 뿔 끝은 원형이고 야들야들한 털이 나는데 영구적이라 해마다 빠지지 않는다. 이 기린의 뿔을 오시콘ossicone이라 하는데, 이는 연골이 딱딱한 뼈로 바뀐 것으로 많은 혈관이 분포하여 체온 조절을 한다.

수컷들이 암컷을 차지하기 위해 싸움질을 하는데, 서로 긴 목을 'X' 모양으로 바싹 갖다 엇걸고 발돋움질하면서 우물쭈물 목을 들이밀며 힘겨루기를 하는 것처럼 보여 시시하다. 그

러나 그것이 목숨 건 치열한 다툼이며, 30분 남짓 계속되는 이런 행동을 기린의 '목 밀침'이라 한다. 그러나 가끔은 포악하게도 머리로 세차게 들이받아 상대를 쓰러뜨려 기절하게 하기도 한다. 뭐니 뭐니 해도 주 무기는 뒷발질로 기린의 뒷다리에 한번 차이면 코뿔소도 나가떨어진다지만 수놈끼리는 절대로 그렇게 싸우지 않는다. 사람을 빼고 다른 생물은 될 수 있으면 동족을 죽이지 않으려 든다는 것!

기린은 25년쯤 사는데 암컷은 4년이 되면 새끼를 밴다. 임신 기간은 400~460일이고, 대개 한 마리만 낳지만 쌍둥이를 낳는 경우도 있다. 새끼를 낳을 때는 잘 알려진 대로 서서 낳으며, 이때 새끼는 머리와 앞다리를 먼저 밀고 나온다. 새끼의 키는 1.8미터쯤이다. 세력권을 이루지 않고 군생群生하는데, 성장한 수컷과 두세 마리의 암컷과 새끼들이 함께 작은 무리를 지어 산다.

기린은 우리나라에 나는 '아까시나무'와 다른, 가시가 많고 키가 큰 '아카시아나무'의 나뭇잎을 따 먹는다. 입안과 혀에는 많은 돌기가 튼튼하게 나 있어 가시까지도 씹어 먹는다. 19세기 라마르크Jean-Baptiste Lamarck가 기린은 높은 나뭇잎을 따 먹기 위해 여러 세대에 걸려 목을 길게 빼다 보니 길어지게 되었다는 획득형질유전을 주창했으나 나중에는 인정받지 못하게 되었다. 다윈Charles R. Darwin은 자연선택설로 목이 길어진 이유를 설명한다. 간단히 말해서 새끼들 가운데 목이 긴 놈, 짧은 놈이 생겨나는데(변이), 그 가운데 목이 짧은 것은 먹이를 먹지 못해 굶어 죽고 긴 것만 살아남았다는 이론이다. 환경에 적응하는 것은 적자생존하고, 그렇지 못한 것은 도태하는 것이 다윈의 자연선택설이다. "로마에 가면 로마 사람이 되라!"는 것도 자기가 처한 환경에 맞추어 순응하거나 상황에 알맞게 되어야 한다는 말씀.

아프리카 사람들은 기린을 사냥하여 살코기만 먹는 것이 아니라 꼬리털로 파리채, 목걸이, 팔찌, 실을 만들어 쓰고, 껍질은 방패, 샌들, 북을 만들고, 힘줄로는 악기 줄을 만든다고 한다.

언 발에 오줌 누기

동족방뇨凍足放尿란 "언 발에 오줌 누기"란 말이다. 싸늘하게 언 발을 녹이려고 그 위에다가 오줌을 누어 봤자 임시변통臨時變通은 될지언정 그다지 효력이 없다는 뜻이다. 동족방뇨와 비슷한 한자성어로는 "아랫돌을 빼서 윗돌을 괴고 윗돌을 빼서 아랫돌을 괸다"는 하석상대下石上臺, 우선 "간단하게 둘러맞춰 처리한다"는 임시방편臨時方便, "궁한 나머지 생각다 못해 짜낸 꾀"라는 뜻의 궁여지책窮餘之策, "눈가림만 하는 일시적인 계책"이라는 뜻인 미봉책彌縫策 등이 있다.

사람이 직립보행하게 되면서 두 손이 자유로워져 '발 빠르게' 찬란한 인류 문명을 이루게 되었다. 우리 몸에는 뼈가 205개 있고, 양발에 26개씩 뼈가 모두 52개가 있으며, 64개의 근육과 힘줄이 퍼져 있다. 특히 발꿈치 뒤쪽 아래에 있는 아킬 레스건은 우리 몸에서 가장 크고 제일 힘센 힘줄이다. 다리의 큰 장딴지근육 끝이 가늘어지면서 떡심같이 질긴 힘줄이 되어 발뒤꿈치 뒷부분에 달라붙은 것으로, 이 아킬레스건은 사람이 '발이 닳도록' 걷는 데 매우 중요하다. 운동하다가 괜히 늘어 나는 수도 있지만 축구나 장난을 하다가 뒤에서 발로 차서 툭 끊어지기도 한다. 힘줄 파열이다.

사람에 따라서는 평발을 가지는데, 그런 사람은 군대 가는 데 발목이 잡힌다. 정상인은 평면에 똑바로 서면 두 발꿈치가 밑바닥에 닿고 발바닥 가운데는 옴폭 들어간 부드러운 아치 형이 되어 몸무게의 반이 각각 양쪽으로 나뉘어 실리게 된다. 다리나 달걀이 타원형인 까닭을 생각해보자. 평발은 몸무게가 온통 한가운데로 쏠려서 멀리 걷는 데 곤란을 겪는다. 흥미롭 게도 아직 걸음마를 떼지 못한 젖먹이는 지방이 많아 모두 평 발인데, 걸음마를 하면서 기름기가 빠져 정상으로 돌아온다.

발은 안 갈 곳, 못 갈 곳, 험한 곳을 다 가고 죽도록 애쓰고 도 발곱, 손곱, 눈곱만도 못하게 홀대를 당하니 서글프기 그 지없다. 그래서인지 세족식洗足式을 더러 하니, 예수가 제자들 발을 씻겨 주었듯, 오늘날에도 교황이 신도의 발을 씻기고 있 고, 학교에서는 선생님이 학생의 발을 깔끔하게 씻긴다. 우리는 너희 더러움까지도 사랑한다! 그리고 발 하면 부처 발을 떠올리게 된다. 제자 마하가섭摩訶迦葉이 오는 낌새를 알고는 '발보다 발가락이 더 커 보이는' 발을 관 밖으로 내어 보였다는 발이 아닌가!

발에서 내뿜는 발 고린내는 제 몸 냄새인데도 사람들은 설레설레 머리를 흔든다. 유기산이나 지방산이 든 촉촉한 땀이 마구 나는 발을 양말과 신발로 감아 쌌으니 혐기성 세균 등이 쑥쑥 자라 질리도록 역한 발 냄새를 풍긴다.

예부터 머리는 차게, 발은 따뜻하게(頭寒足熱) 하라 하였다. 발은 심장에서 보낸 피를 받아 다시 온몸으로 보내는 펌프 작용을 하기에 '제2의 심장'이라고도 한다. 또 발바닥에 오장육부가 걸려 있어 '발 반사 요법'이라 하여 발바닥을 자극하면 온몸이 편안해진다.

몸서리치게 추운 겨울, 꽁꽁 언 얼음 위에서 노니거나 밤을 지새우는 물새 발은 어떻게 얼지 않을까? 이는 피 그물인 괴망 때문이다. 괴망은 몇몇 척추동물에게서 발견되는 것으로, 동맥과 정맥이 여러 갈래로 갈라져 서로 복잡하게 그물처럼 얽혀 있는 것을 말한다. 콩팥의 사구체絲球體가 대표적인 예다. 덧붙여 괴망 속에서는 동맥피, 정맥피가 서로 거꾸로 흘러 혈관 사이에 열은 물론이고 가스 교환도 술술 쉽게 일어난다.

이처럼 물새는 물갈퀴에 있는 '괴이한 피 그물' 덕으로 혹한에도 동상에 걸릴 걱정이 없다. 괴망 구조는 극지에 사는 펭귄의 지느러미발이나 코 안에 있어 더운 열을 발산하고, 물고기 부레에서 산소 교환이 빠르게 일어나며, 기린 목에도 발달하여 물을 먹으려고 목을 숙일 때 혈압을 조절한다고 한다. 또한 추운 곳의 동물은 하나같이 내려가는 따뜻한 동맥과 올라가는 찬 정맥이 아주 가깝게 붙어 있고, 피가 거슬러 흐름으로 열전도가 빠르게 일어난다.

동물만 겨울에 시린 고생을 하는 것이 아니다. 한창 필 나이였던 우리도 엄동설한에는 깡마른 것이 나무 등걸처럼 손발이 트고 피가 솟았으며, 때가 눌어붙어 "까마귀가 형님이라 부르겠다"고 핀잔과 나무람을 받았으므로, 소죽솥의 폭 익은 여물로 싹싹 문질렀으나 도무지 소용이 없었다. 또 안쓰럽게도 겨우내 동상을 달고 살았으니, 벌겋게 부풀어 오른 손등 발등이 밤이 되면 무척 가려워 많이도 부대끼며 시달렸지만 바셀린 연고가 어디 있었나. 남세스럽지만 성가신 동상을 가라앉힌다며 급기야 생콩을 갈아 덕지덕지 바르기 일쑤였는데……. "세월은 기억에 달콤한 당의糖衣를 입힌다"고, 가렵고 쓰라리던 동상마저 따스하고 아련한 추억이다. 동상이란 연한 조직이 추위에 드러나면서 얼어 거기에 피가 돌지 못하는 상

123

태로 귓바퀴, 콧잔등, 뺨, 손발가락 같은 몸 말단부에 주로 생긴다. 동상 조짐이 보이면 37~42도의 미지근한 물에 담가 한 시간쯤 살이 말랑말랑해지면서 약간 붉어질 때까지 녹인 다음 기름한 마른 천으로 정갈하게 감싸준다. 대수롭지 않게 여기다가 덧나기라도 하면 피부이식이나 심지어 손발을 자르는 수술도 발에 채일 만큼 흔하니 조심할 것이다. 모든 병은 부랴부랴, 발 빠르게 손보는 것이 최상이다.

어머니는 손이 생명이고, 아버지는 발로 산다. 어머니의 손은 지문이 다 닳아 없어지고, 아버지 발에는 굳은살이 켜켜이 박혔었지. 애석하게도 아버지 발을 한 번도 씻겨 드리지 못해 아직도 발이 저리고, 서럽고 부끄러운 한으로 남았다. 이제 아무리 발을 동동 굴려도 소용없다. 화무십일홍花無十日紅, 열흘 붉은 꽃 없다. 한사코 봄은 금세 가고 꽃은 쉬 지는 법. 부모 모심도 시와 때가 있나니 어버이 살았을 제 섬기기 다하여라.

여덟 가랑이
대 문어같이 멀끔하다

"여덟 가랑이 대 문어같이 멀끔하다"란 무엇이 미끈미끈하고 번지르르하거나 생김생김이 환하고 멀끔함을 이르는 말이다. "문어발 경영"은 몸 덩어리 키우기 식의 사업 확장을 이른다. 문어는 연체동물 두족강 팔완목으로 주꾸미, 낙지와 함께 가랑이가 여덟이다. 오징어, 꼴뚜기는 다리가 열 개인 십완목이다. 문어의 영어 이름은 옥토퍼스Octopus로 '여덟 개의 발'이란 뜻이다. 깊고 얕은 바다 어디에나 살며 바닥에 사는 놈, 둥둥 떠다니며 사는 것들 하여 세계적으로 300종이 넘게 알려져 있는데 이는 전체의 3분의 1에 해당할 뿐이다. 가장 대표적인 것이 참문어Octopus vulgaris로 왜문어라고도 한다. 문어 가운데 제일 큰 놈은 거대태평양문어로 몸무게가 15킬로그램, 벌린 팔 길이가 4.3미터나 되며 가장 큰 것은 71킬로그램이나 나간다고 한다.

문어는 눈이 아주 크고 무척 발달하여 사람 눈과 별반 다르지 않으며, 눈동자가 가로로 짜개졌다. 주로 해조류가 그득한 암초지대에 살며, 뼈가 없는지라 유연하게 몸을 비틀어 좁은 틈에도 기어든다. 좌우대칭이며 몸 안팎 어디에도 골격이 없는데, 두족류 가운데 유별나게 앵무조개 무리는 겉껍질이 있다. 소라를 깨어 먹을 정도로 날카로운 앵무새 부리 닮은 키틴질의 부리(턱)가 유일하게 딱딱한 부위로, 그 속에는 '치설齒舌'이 들었다. 치설은 연체동물의 특별한 소화기관으로 '이와 혀'의 일을 다 한다. 껍질이 둘인 이매패를 빼고는 모든 연체동물이 치설을 갖고 있다. 열대 종인 푸른점문어의 침에는 맹독성인 테트로도톡신tetrodotoxin이 있어 사람이 물리면 목숨을 잃을 수도 있다 한다. 심장은 세 개이고, 구리가 많이 든 헤모시아닌hemocyanin 호흡색소를 적혈구가 아닌 혈장에 가지기에 피의 색은 푸르스름하다. 다리에 붙은 수많은 빨판에는 화학물질을 알아내는 세포를 가지고 있어서 잡은 것의 맛을 볼 수 있다.

야행성이며 '바다의 카멜레온'이라고 한다. 문어는 몸빛이 대체적으로 붉은 갈색 또는 회색인데, 살갗의 색소포에는 누

런색, 붉은색, 갈색, 검은색 색소가 들어 있어서 필요에 따라 해초나 바위 색을 만들어 몸을 보호하기도 하고 서로 의사소통을 할뿐더러 경계하기도 한다. 무서운 동물인 바다뱀이나 뱀장어, 쏠배감펭 같은 동물과 비슷한 모습을 띠는 의태擬態를 하는 수도 있다.

바닥에 사는 무리는 게, 갯지렁이, 고둥이나 조개를 잡아먹지만 물에 떠다니며 사는 것들은 새우나 물고기, 다른 두족류를 먹는다. 먼저 침으로 마취한 다음 부리로 찢어 먹는데, 딱딱한 껍데기를 가진 조개는 부리로 조가비에 구멍을 뚫어 거기에 독을 집어넣고 두 껍데기가 열리면 살을 뜯는다. 먹이를 잡아 집으로 가져가 먹는 습성이 있어 이들의 집 앞에는 조개껍데기가 널려 있다 한다.

물을 뿜어내고 재빠르게 도망가기, 잉크를 뿜거나 위장하기, 경계색으로 겁주기, 바위 틈새에 숨기 등으로 몸을 보호하는 장치를 여럿 가진다. 동물이 꼬리나 다리 따위가 적에게 붙잡히거나 상하게 됐을 경우에 그 부위를 스스로 잘라버리는 것을 자절自切이라 하는데, 문어도 급하면 서슴없이 그 짓을 한다. 잉크는 멜라닌이 주성분이며 포식자의 후각기를 마비시켜 도망을 갈 수 있고, 어떤 때는 잉크가 문어와 비슷한 형태를 띠어 그것을 쫓느라 버둥거리는 사이에 도망간다. "문어

제 다리 뜯어먹는 격"이라는 속담은 "칼치가 제 꼬리 베 먹는다"와 같은 속담으로 패거리끼리 서로 헐뜯고 비방하거나 자기 밑천이나 재산을 차츰차츰 까먹음을 이르는데, 실제로 몹시 주리면 제 다리도 스스로 잘라 먹으니 그 또한 자절이다.

무척추동물 가운데 가장 지능이 높고 미로 실험에서 기억력이 아주 좋은 것으로 알려졌으며, 물체의 모양이나 크기를 판별하고, 부모에게서 배운 적이 없지만 도구를 사용할 줄 안다고 한다. 문어는 아주 복잡한 신경계를 가졌는데 그 가운데 일부만 뇌에 있고 나머지는 온몸에 퍼져 있어서 다리도 뇌의 명령을 받지 않고 자극에 자율적으로 반응한다. 그러니 걸핏하면 아픔을 덜 타는 제 다리도 잘라 먹을 수 있고 잘라 버릴 수도 있는 것. 더불어 신경의 굵기도 1밀리미터나 되어 신경생리학 실험 자료에 단골로 쓰인다.

짝짓기에 쓰는 오른쪽 셋째 다리를 교접완交接腕이라 부르는데, 그 끝에다 정자를 모은 덩어리(정포)를 얹어 암컷의 외투강에 넣는다. 암컷은 수컷의 정자를 받아 몇 주 동안 보관하다가 알과 수정하여 수정란을 20만 개쯤 낳는다. 생식 현상은 죽음을 뜻하니 수컷은 짝짓기를 한 뒤 수개월이 지나면 죽는다. 암컷은 새끼가 알을 까고 나오면 한 달 동안 알을 돌보고 보살피다가 굶주려 죽고 만다. 몸은 죽어도 이렇듯 새끼를 남기는 것이 영생하는 길임을 문어는 알았도다!

기어 다니고 헤엄도 치지만 외투강 속의 물을 제트기처럼 뿜으며 재빠르게 내빼기도 한다. 게다가 두 다리로 벌떡 서서 걷기도 한다니 갯마을에 "대문어가 마당에 걸어 들어오더라"는 말이 있는 것이리라. 문어잡이는 통발도 쓰지만 주로 '문어 항아리'를 사용하니, 문어가 은신처를 찾아드는 본성을 써먹는 것으로, 20~50미터 깊이에 빈 항아리 여럿을 줄줄이 매달아 떨어뜨리고 하루나 이틀 뒤에 배로 끌어 올린다.

문어를 살짝 데쳐 어슷썰기로 삐져 넓적한 살점을 초고추장이나 기름소금에 찍어 먹는 문어숙회는 그야말로 별미다. 일본 사람들은 초밥이나 타코야키에 쓴다. 그러나 앵글로색슨계 사람들은 악마의 고기로 여겨 꺼려하며, 요리 천국인 중국에 오히려 문어 요리가 드문 것도 이상스럽다.

흔히 둥그스름하게 사람 머리를 닮았다 하여 '문어 머리'라 부르는데, 그것은 머리가 아니라 먹통 같은 내장이 든 몸통이다. 아무튼 '문어 머리에 먹이 들었으니 글도 잘할 것이라' 하여 文魚란 이름이 붙었을 터. 서양 사람들은 어느 팀이 이길 것인가를 알아내는 '점쟁이 문어'를 애완용으로 키우기도 한다.

까마귀 날자 배 떨어진다, 오비이락

오비이락烏飛梨落, 즉 "까마귀 날자 배 떨어진다"란 일이 잘 안
될 때는 안 좋은 일이 겹친다는 말로서 "소금 팔러 가니 이슬
비 온다", "도둑을 맞으려면 개도 안 짖는다"와 통하는 말이
다. 또 자기와 상관없는 일에 콩이야 팥이야 끼어들어 간섭하
거나 참견하는 것을 "남의 제상에 감 놔라 배 놔라" 한다지.
얌체 같은 까마귀도 맛있는 배를 골라 파먹고, "배 썩은 것은
딸을 주고 밤 썩은 것은 며느리 준다"고 하지.

배나무는 장미과 배나무속 갈잎큰키나무로 달걀 모양인 넓
은 잎사귀는 어긋나기하며, 끝은 피침 모양이고 가장자리는
톱니가 있다. 양성화인 배꽃은 백옥같이 희고, 꽃받침과 꽃잎
은 각각 다섯 장이며, 암술은 2~5개며, 수술은 여럿이고, 열

매는 9~10월에 누런 갈색으로 익으며, 껍질에는 옅은 갈색 반점이 흩어져 있다.

배는 세계적으로 서양 배와 중국 배와 일본 배로 나뉘는데 생김새와 맛이 제각각이다. 주성분은 탄수화물로 당분이 10~13퍼센트고, 사과산, 주석산, 시트르산 등의 유기산과 비타민 B와 C, 식이섬유, 지방이 들어 있다. 날로 먹거나 주스, 통조림, 잼 등을 만들어 먹으며, 연육효소가 들어 있어 고기를 연하게 할 때 갈아서 넣기도 한다. 속을 파내고 꿀을 넣어 푹 쪄서 배숙을 만들어 먹으면 감기, 기침, 천식, 가래 끓음에 좋다. 그런데 큰 이익은 남에게 주고 거기서 조그만 이익만을 얻음을 놓고 "배 주고 배 속 빌어먹는다"고 한다지.

생물학과 학생들이 배우는 서양 생물교과서에 '배 모양의 세포(pear shaped cell)'가 나오는데, 책에 나온 그림에 있는 배는 우리가 먹는 배와 영판 달라 처음엔 얼마나 황당했는지 모른다. 세상에 이런 배도 있나 싶었다. 그러다 외국을 처음 나가 과일 가게에서 '페어Pear'라고 쓰인 과일을 보고 한참을 멍하니 들여다보고는 "그랬구나!" 하고 무릎을 탁 쳤다. 우리 것은 둥그스름한데 서양배는 작은 것이 백열전구나 조롱박을 빼닮았다. "백 번 듣는 것이 한 번 보는 것보다 못하다(百聞不如一見)"는 말이 실감 나는 찰나였다. 서양배 맛이 어떤가 궁금한 것은 당연지사. 사서 씹어 보니 질기고 딱딱한 것이 "잇금도 안 들어간다" 우리 배가 얼마나 맛난지를 외국 과일 가게에서 새삼 느꼈다. 이른바 몸과 태어난 땅은 하나라는 뜻으로, 제 땅에서 난 것이라야 체질에 잘 맞는다는 신토불이身土不二는 이럴 때 쓰는 것이리라.

"돌배도 맛 들일 탓"이라고, 처음에는 싫다가도 차차 재미를 붙이고 정을 들이면 좋아질 수도 있다 한다. "배나무에 배 열리지 감 안 열린다"는 "콩 심은 데 콩 나고 팥 심은 데 팥 난다"는 말씀. 다른 과수도 다 그렇듯 배의 씨가 자란 돌배나무를 대목臺木으로 하여 거기에다 개량종의 가지를 접붙인다. 다시 말해 재배종의 씨를 심어 보면, 사과 씨에서는 고욤, 귤 씨에서는 탱자, 배 씨에서는 돌배가 나온다. 이는 씨방이나 꽃받침이 변한 과육은 돌연변이로 성질이 바뀌었지만, 씨앗의 본성은 바뀌지 않는다는 것을 알려준다.

배의 과육, 작약이나 달리아의 덩이뿌리, 매화나 복숭아의 종자의 껍질은 돌세포(석세포)라는 특이한 세포가 가득 들어 있다. 돌세포는 세포벽이 아주 두껍고 딱딱하게 된 후막세포로서 리그닌, 수베린, 큐틴 등이 침착하여 크고 두툼해졌다. "배 먹고 배 속으로 이를 닦는다"거나 "배 먹고 이 닦기"란 배를 먹으면 이까지 하얗게 닦인다는 뜻인데, 실제로 배가 이를 닦아 내는 효과가 있다 한다. 또 배를 먹어 보면 딱딱한 무엇이 이에 씹히니 이것이 돌세포며, 워낙 야물어 소화되지 않고 대변으로 나온다.

언젠가 기생충학 강의를 할 때였다. 그때는 대변검사라는 것이 있었는데, 우리는 실험시간에 기생충의 알을 눈이 빠지도록 찾고 찾았다. 그런데 그날따라 나오라는 회충, 요충 알은 안 보이고 하나같이 돌세포만 무진장으로 나오는 게 아닌가. 그리하여 이 대변이 어느 대학생들 것이냐를 놓고 논쟁이 벌어졌다. 결론은 배 밭이 많은 모 여대생들 것임을 확인하고 박장대소했던 기억이 생생하다.

외솔 최현배 선생은 비행기를 '날틀', 라디오를 '소리틀', 이화梨花여자대학교를 '배꽃계집 큰 배움터'라고 부르며 한글 보급에 힘을 쏟으셨다. 이화여대의 상징은 싱그러운 배꽃이다. 학교 배지를 잘 들여다보면, 안쪽 암술 자리에 작은 건물과 함께 한자로 진선미가 들었고, 둘레 수술 자리에는 설립연도와 한자와 영어로 교명을 썼으며, 그 테두리를 다섯 장의 꽃잎이 싸고 있다. 봄을 알리는 하얗게 핀 배꽃의 비할 바 없는 아름다움은 예로부터 많은 시와 노래로 읊어졌다. 서도민요의 하나인 「배꽃타령」, 배꽃 하면 세월이 가도 잊히지 않는 이조년의 「다정가多情歌」가 절로 입에서 튀어나온다.

임시방편, 타조 효과

타조*Struthio camelus*는 타조과의 조류로, 사하라 사막 남쪽에 있는 아프리카의 사바나 지역에 많이 살며 5아종이 있다. 날개가 퇴화하여 날지 못하는 대형 주금류走禽類로서 화식조火食鳥, 에뮤emu, 키위kiwi, 레아rhea 등이 여기에 든다. 날지 못하는 대신 다리가 아주 튼튼하고, 발가락은 두 개며, 부리와 머리통은 작고 짧으며, 목과 다리가 매우 긴 꺽다리 새다. 수컷은 암컷보다 좀 크고, 머리 높이 2.8미터, 등 높이가 1.4미터 남짓이고, 몸무게는 155킬로그램 안팎으로 필자 몸무게의 두 배가 넘는다! 여하튼 타조 새는 호락호락하게 볼 예사 새가 아니다. 수더분해 보이지만 보기보다 드세고 사나우니, 화식조와 마찬가지로 타조의 앞차기는 알아준다. 포식자에게서 더 이

상 도망갈 수 없는 빼도 박도 못할 상황에 이르면 한사코 힘센 다리와 길고 날카로운 앞발톱으로 공격하니, 한 방에 사자도 판판이 나자빠지고, 사람도 배가 터져 죽는다고 한다.

암컷 깃털은 갈색이고, 수컷은 검정색이다. 날개깃은 16개, 꽁지깃은 50~60개로 매우 하얗고, 넓적다리와 머리와 목은 벌거숭이로 짧은 깃털이 성글게 나 있다. 눈알 지름이 5센티미터나 되어 땅에 사는 어느 척추동물보다 크며, 그 예리한 눈매로 멀리 있는 사자도 잘 찾아낸다. 잡식성으로 다육식물, 관목의 새싹, 씨앗, 풀, 도마뱀, 메뚜기 등이 주된 먹잇감이다. 이들은 워낙 조심성이 많아서 먹이를 먹으면서도 머리를 치켜들고 매섭게 주변을 살핀다. 그런데 특이한 것은 말이나 고라니처럼 쓸개주머니가 없단다. 모이주머니도 없다. 위에 해당하는 모래주머니는 세 개의 방으로 되어 있고, 보통 1.3 킬로그램의 먹이를 담을 수 있는데 45퍼센트는 모래나 자갈이다. 일부다처제로 수컷 한 마리가 2~7마리의 암컷을 거느리고, 5~50마리가 떼 지어 산다. 수명은 40~45년인데, 가둬 키운 것 가운데 62년 7개월을 산 기록이 있다고 한다. 주행성으로 이른 아침이나 해질 무렵에 활동을 많이 하지만 밝은 보름달에도 슬슬 기어 나와 머리를 주억거리며 어슬렁거린다. 낙타처럼 탈수 현상으로 몸무게가 25퍼센트가 줄어도 끄떡없이 생명을 유지한다.

타조의 학명에서 속명 *Struthio*는 '타조', 종명 *camelus*는 '낙타'란 뜻이다. 땅에 사는 새 가운데 가장 빠르게 달음질치는 뜀뛰기 선수라 보통 때는 시속 4킬로미터로 뒤뚱뒤뚱 걷지만, 천적에게 쫓길 때는 그 큰 덩치가 시속 70킬로미터로 가뿐히 내달린다. "타조가 날다"란 말은 "뻐꾸기가 둥지를 틀었다"와 같은 말로, 가능성이 전연 없는 일을 비꼰 말일 것이다.

수컷의 깃털은 서양에서 부인들 모자에 달고, 먼지떨이로 많이 쓰며, 알껍데기는 조각이나 장식품에 쓰고, 살갗은 아주 좋은 가죽으로 가공하며, 쇠고기 맛을 내는 살코기는 고급 요릿감이다. 어디 하나 버릴 게 없는 타조로소이다! 하여 우리나라에서도 알과 깃털을 얻기 위해 타조를 키운다.

무엇보다 이 새는 현재 이 세상에서 가장 큰 알을 낳는다. 알은 희뿌연 크림색에다 지름이 13~15센티미터고, 무게는 1.6~1.8킬로그램 정도로 거짓말을 조금 보태면 '어린애 머리통'만 하다. 이것은 달걀 한 판(달걀 한 개 무게가 60그램) 무게와 맞먹는다. 와, 크다! 타조 엄마가 그 큰 알 낳느라 힘들었겠다. 그러나 타조 알은 다른 새의 알보다 몸무게에 견주어 외려 아주 작은 편이라 한다.

구애행동은 꽤 복잡한 편이다. 수컷이 오른쪽과 왼쪽 날개를 엇갈려 푸드덕거리는 과시행동을 하거나 부리로 풀을 뽑으며, 끝판엔 암놈에게 마구 돌진하여 날갯짓으로 모래를 세차게 휘저으며 머리를 나선형으로 빠르게 마구 돌린다. 이럴 때면 불현듯 암컷이 땅에 납작 엎드리니 수컷은 이때다 하고 암컷 등에 올라 날개를 푸드덕거리며 짝짓기한다. 수컷은 다른 새와는 달리 20센티미터나 되는 긴 교미기를 갖는다.

깊이 30~60센티미터, 너비 3미터의 옴팡한 둥지에 여러 암컷들이 공동으로 알을 낳는데, 알을 품은 암컷이 자기 알 20개 정도만 남기고 남의 것은 죄다 밀어내 버린다. 낮에는 암컷이, 밤엔 수컷이 갈마들어 알을 품는다. 회갈색의 암컷은 낮에 보면 주변의 모래색과 비슷하고, 검은 깃털을 가진 수컷은 한밤중에 들키지 않는 장점이 있다. 알까기까지는 35~45일이 걸리고, 알을 까고 나온 새끼는 어미 새와 다르게 목에 세로로 누런 갈색 줄무늬가 네 줄 있다.

내가 어렸을 때는 닭싸움 붙이기를 자주 했다. 죽기 살기로 상대 가슴팍을 며느리발톱으로 차고, 볏을 피 터지게 물어뜯으면서 한참을 결기 있게 벼르고 맞서다가 갑자기 한 녀석이 꼬리를 내리고 줄행랑을 친다. 적에게 등을 보이면 지는 것. 날쌔게 도망치다가 짚더미 틈새 같은 데에 모가지만 처박고 죽은 척한다. 뒤쫓아 간 승자는 패자의 등짝에 덩그러니 올라

서서 세차게 홰친 다음 목을 길게 빼고 한 곡조 뽑는다! 타조
또한 장닭과 다르지 않아서 치타, 사자, 표범, 하이에나, 매
같은 천적에게 쫓기다가 궁지에 몰리면 모래 땅바닥에 머리
를 처박고 숨는 습성이 있다고 한다. 내 눈으로 안 보면 그만
이다! 그래서 타조를 사전에서 '무사안일주의자'라거나 '현실
도피주의자'로 설명한다. 또한 경영학에서는 타조처럼 위험을
경고하는 목소리에 아예 귀를 막아 버림으로써 위기에 둔감해

지는 현상을 '타조 효과(Ostrich effect)'라 한다.

　그러나 이 일을 어쩐담? 흔히 생각하는 것처럼 타조가 아무리 어려운 고비에 몰려도 머리를 모래에 파묻는 일이 결코 없다고 한다. 이런 근거 없는 잘못된 믿음은 서기 23~79년 무렵 로마의 박물학자요, 작가인 플리니Pliny The Elder가 "덤불에 머리와 목을 집어넣으면 몸 전체가 감춰진다"라고 쓴 글에서 비롯했을 것이라 한다. 이가 없기 때문에 먹이를 소화하려고 모래나 자갈을 주워 먹는 것을 잘못 보았거나, 침입자를 피해 숨느라 대자로 드러누워 몸을 한껏 낮춰서 머리를 숙이고 긴 목을 땅바닥에 납작 붙인 것이 멀리서 보면 머리를 파묻은 것처럼 보일 수 있다는 것이다. 상식 밖의 이야기도 유분수지, '나그네쥐의 자살 행위'나 '뜨거운 물속의 개구리'가 그랬듯이, 천부당만부당하게 와전된 것임을 알자.

목구멍이 포도청

이비인후과는 귀(耳), 코(鼻), 인두咽頭, 후두喉頭를 전문으로 치료하는 곳이다. 대부분의 물고기는 인두가 긴 탓에 식도가 아주 짧지만 칠성장어나 폐어는 위가 없고 식도와 작은창자가 바로 연결된다. 발이 넷인 사지동물인 양서류, 파충류, 조류, 포유류는 인두가 짧은 대신 식도가 길고 식도가 단순히 입과 위를 연결하는 관에 지나지 않지만, 조류는 식도 아래가 부풀어 모이주머니가 되며 그 아래에 진짜 위인 모래주머니가 있다.

목구멍에 있는 인두는 식도의 들목이고, 후두는 기관(숨길)의 어귀다. "목구멍까지 차오르다" 하면 분노, 욕망, 충동 등을 참을 수 없는 지경이 되었을 때를 말한다. "목구멍이 크다"란 양이 커서 많이 먹거나 욕심이 매우 많을 때를 이른다. "목구멍 때도 못 씻었다", "간에 기별도 안 갔다"는 자기 양에 차지 못하게 아주 조금 먹었음을 이르는 말이다. 또 "목구멍이 포도청"이라 하면 먹고살기 위해 하면 안 될 짓을 해야 함을 이르는 말이다. 살아있는 동물의 목구멍은 보통 멱, 멱통이라거나 산멱통이라 부르며, "돼지의 산멱통을 찌른다"라는 식으로 쓴다.

음식을 삼키면 입천장 뒤쪽 연한 부분인 연구개軟口蓋가 음식이 코로 듦을 틀어막고, 동시에 후두 어귀를 덮고 있는 후두개喉頭蓋가 후두를 딱 막아 버려 음식이 숨관으로 못 들고 오로지 식도로만 들게 된다. 이것을 '삼킴 반사(Swallowing reflex)'라고 한다. 때문에 음식을 넘길 때는 숨이 콱 막히니, 숨을 쉬면서 음식을 삼킬 수는 없다. 그러나 음식이 코로 나오고 숨관으로 흘러 들어가는 일이 가끔 벌어진다. 이는 사레라는 것으로 발작적으로 에취! 하면서 밥풀이 날고 콧물이 흐른다. 이것이 '숨관 반사'로 우리가 의식적으로 어떻게 하지 못하는, 대뇌가 관여치 않는, 무조건반사다.

식도는 소화기관의 하나로, 앞에서 보면 숨관과 심장 뒤편으로 내려간다. 성인의 것은 지름이 얼추 2~3센티미터고, 길이는 보통 25센티미터다. 식도는 소위 말하는 '밥줄'인데 목, 가슴, 배 세 부분으로 나뉘며, 3층으로 된 근육이다. 깔때기 같은 식도는 음식물 종류에 따라 시차가 있지만 그것을 지나가는 데 걸리는 시간은 대개 9초고, 딱딱한 것은 5초, 물이나 우유나 주스 같은 액체는 쭈르르 쉽고 빠르게 통과하여 1~2초 안팎으로 걸린다. 모름지기 음식은 벼락치기로 먹지 말고 찬찬히 꼭꼭 씹어 먹어야 한다.

동물의 위나 장의 수축운동이나 이완운동을 연동蠕動운동이라 하는데, 연동의 蠕은 '꿈틀거릴 연' 자다. 지렁이는 체벽 바깥쪽에는 고리 모양의 환상근環狀筋이 있고 안쪽에는 길게 뻗은 종주근縱走筋이 있어서, 전자가 수축하면 몸이 가늘고 길어지며 후자가 수축하면 굵고 짧아진다. 지렁이 말고도 사람 창자에도 이런 근육이 있어 수축, 이완하여 음식물을 섞으며 옮긴다. 연동운동이 음식물을 옮긴다면 창자에서는 부분적으로 수축하여 음식을 섞는 분절운동도 일어난다.

식도는 다른 기관에 비해 쭉 곧고, 확실히 구별하기는 어렵지만, 세 곳에 잘록한 협착부가 있어서 처음 3분의 1은 가로무늬근(골격근), 가운데 3분의 1은 민무늬근(평활근)과 가로무늬근, 아래 3분의 1은 민무늬근으로 되어 있다. 식도의 위아래 양끝에는 조임근(괄약근)이 있어 꽉 죄어 묶여 있다. 식도 아래 끝에 있는 괄약근은 보통 때는 수축하여 닫혀 있으며, 음식물이 위장으로 들어가는 때는 쉽게 열리지만 위장의 내용물이

식도로 거꾸로 올라가는 것을 막는다. 그런데 젖먹이 아이들은 아직 이 근육이 발달이 덜 된 상태여서 젖을 한가득 먹은 다음 밥통의 공기를 빼느라 끄르륵 트림하면서 아무 때나 늘 젖을 조금씩 토한다.

괄약근은 대개 고리 모양을 하고 있는 기관으로 수축, 이완을 함으로써 신체기관의 통로와 입구를 여닫는다. 홍채, 식도 입구, 위 입구, 위 끝 부분, 작은창자 끝 부분, 요도 주변, 항문 주변 등 50개가 넘는 괄약근이 있다. 방광괄약근이나 요도 괄약근이 헐거워지면, 소변을 보려고 하지 않았어도 소변이 흘러나오는 요실금이 된다.

옛 어른들이 마른 밥을 들기 전에 왜 물을 한 모금 마신다거나 김칫국이나 국을 먼저 떠먹는지를 나이 들어서야 이제 깨닫는다. 늙으면 식도의 미끈미끈한 점액도 말라빠지니 물을 흠뻑 적신 뒤 음식을 넣으면 술술 잘 미끄러져 내려가기에 그런다는 것을. 그런가 하면 우리나라에서는 인절미를, 일본에서는 찹쌀떡을 먹다가 목이 막혀 죽는 사람이 많다 한다. 한 친구도 할아버지가 인절미를 잡수시다가 목이 막혀 별세하셨다. 나이 들면서 식도 문제를 대수롭게 보아 넘기지 말아야 한다.

여러 원인으로 위액이 식도로 거슬러 흐르는 수가 있으니 심한 통증을 일으키는 역류성 식도염으로 가장 흔한 원인은 식도 아래쪽에 있는 괄약근이 기능을 제대로 못해서다. 또 식도이완불능증이 있다. 우리 집사람도 지금 이 병으로 몹시 시달리고 있는데, 식도 근육이 잘 늘어나지 않는 것은 물론이고 자주 발작을 하다 보니 식도 일부가 부어 조직이 두꺼워진다고 한다. 늙으면 병과 친구하며 살아야 한다지만 꼴도 보기 싫은 동무도 있는 법이다.

밥줄이 지나가는 길이 모가지다. "밥줄이 끊어지다", "밥통이 떨어지다"란 일자리를 잃게 되는 것을 속되게 이른 말이다. "목이 간들거리다"는 죽을 고비에 직면한다거나 직장에서 쫓겨날 형편에 처한 경우를 빗댄 것이며, "목 멘 개 겨 탐하듯" 하면 자기 분수를 돌보지 않고 분수에 겨운 일을 바란다는 말이다. 밥줄 정도야 하고 아무렇지 않게 생각하지 말아야 한다. 우리 몸에 어느 하나도 퍽 귀하지 않은 곳이 없으니 하는 말이다.

사탕붕어의 검둥검둥이라

"봄볕은 며느리 쪼이고 가을볕은 딸 쪼인다"거나 "봄볕에 그을리면 보던 임도 못 알아본다"는 말에는 시어머니의 고약 심보와 봄 햇살에 얼굴이 쉽게 탄다는 뜻이 들었다. 바야흐로 봄날, 날씨가 따뜻해지면 누구보다 제일 먼저 가슴 설레는 사람들이 있나니 바로 낚시꾼이다. 붕어, 잉어가 요동치는 몸부림이 전하는 손맛에 미쳐 밤새는 줄 모른다. 필자는 낚시에 젬병이라 잘 모르지만, 놈들이 먹새 좋아 미끼만 날름날름 똑똑 따 먹는 붕어 입질에 낚시꾼은 안달이 난다 한다. 이렇게 돈이나 물건을 주거나 생기는 족족 깡그리 다 써 버려서 도무지 재산이라곤 모이지 않을 때를 가리켜 "붕어 밥알 받아먹듯 한다"고 한다.

붕어는 잉엇과의 민물고기로 부어鮒魚, 즉어鯽魚라고 했다. 몸길이 20~43센티미터로 몸이 옆으로 납작하고 머리는 짧고 눈은 작으며 주둥이는 짧고 입은 작고 입술은 두꺼우며 아래 턱은 위턱보다 짧다. 비늘은 둥근비늘로 머리에는 없으며, 사는 곳에 따라 몸빛이 달라지는데 보통 등 쪽이 누런 갈색이고 배 쪽은 은백색이고 가무잡잡한 놈도 있다.

우리나라에 사는 아시아산 붕어는 '카라시우스 아우라투스Carassius auratus', 유럽산 붕어를 '카라시우스 카라시우스Carassius carassius'로 다른 종으로 구별한다. 아시아산 붕어 가운데 한국의 토종 붕어, 일본의 떡붕어, 중국의 붕어가 서로 사뭇 다르다고 한다. 낚시터의 붕어는 모두 중국에서 얼음에 얼려 들여온 것이며, 일본과 중국 붕어들이 강이나 호수에서 기승을 부리니 우리 붕어가 그놈들 등쌀에 시달려 맥을 못 춘다고 한다. 그리고 금붕어는 붕어의 아종이며 붕어가 일으키는 돌연변이로, 강이나 연못이나 호수에서 자연적으로 생긴 것들을 잡아다 일부러 키운 것이다.

붕어는 보통 몸길이가 20센티미터쯤 되지만 늙다리 대짜배기는 한 팔(40센티미터)이 넘는 것이 더러 있다. 그래서 낚시꾼들은 아주 작은 지질한 씨알 붕어를 '잔챙이', 그것보다 크면 '중치', 더 나이가 차면 '준척', 30센티미터가 넘는 것을 '월척'

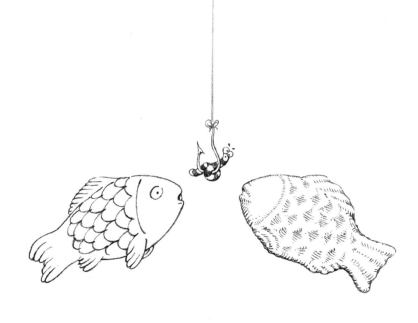

으로 구분하여 부른다. 붕어는 잡식성으로 물풀이나 식물플랑
크톤은 물론이고 갑각류와 실지렁이, 수서곤충 들을 닥치는
대로 잡아먹는다. 늦은 5월쯤 암놈이 수초 잎이나 뿌리에 알
을 붙이며, 배불뚝이 암놈 한 마리가 15만 개가 넘는 알을 낳
는다고 한다.

　아뿔싸! 내 눈에는 붕어가 잉어요, 잉어가 붕어로다. 사실
붕어와 잉어는 겉치레가 엇비슷하여 보통 사람은 언뜻 보아
구별하기 어렵다. 놈들이 천년만년을 지금껏 같이 살아와 겉

모습은 같아 보이지만 실은 아주 다르다. 겉 같고 속 다른 놈들! 그러나 뚜렷이 다른 점이 있으니 잉어는 입가에 수염 두 쌍이 드리워 있지만 붕어는 수염이 숫제 없다(2권의 〈등용문을 오른 잉어〉 참조).

그런데 붕어는 3급수에서도 치열하게 버텨 견디니 생명력이 아주 질긴 녀석이다. 이런 물에는 붕어, 잉어, 미꾸리, 동자개 정도가 산다. 강에 어떤 물고기가 주로 사는가를 보면 그곳 오염도를 알 수 있는데, 그런 물고기는 오염지표가 되므로 지표종指標種이라 한다. 열목어나 산천어가 사는 물은 1급수다. 그런데 수지청무어水至淸無魚요, 인지찰무도人至察無徒라고 물이 너무 맑으면 물고기가 없고, 요것조것 비틀고 따지는 사람은 친구가 없다 하지 않는가. 푸근하고 넉넉하게 두루뭉수리로 더불어 어울려 살아갈지어다.

예부터 붕어나 잉어는 더할 나위 없이 귀중한 단백질거리의 하나였다. 지긋지긋하게 아미노산 부족에 허덕여야 했던 우리였기에 붕어 새끼는 족대로 잡다가 간장에 바싹 졸여 뼈까지 고스란히 씹어 먹고, 그물 쳐 잡은 좀 큰 놈은 탕이나 찜해서 먹으며, 무척 큰 놈은 푹 달이고 고아 허약자나 산모에게 먹인다. 기세가 등등하던 사람이 기가 꺾이고 풀이 죽어 모양새가 온통 엉망이 되었을 때 "찐 붕어가 되었다"고 한다지. 이런 속담이 있을 정도면 노상 붕어찜을 해 먹었다는 증거다. 나도 어쩌다가 붕어찜을 먹어 봤는데 하도 잔가시가 많아 혼났을 뿐더러 해감내 탓에 내 입에는 맞지 않았다.

그리고 흥미로운 일은 민족에 따라 좋아하는 물고기가 다 다르다는 것이다. 실은 좋아해서 좋은 게 아니라 자기들이 사는 곳에 그 물고기가 많아서 대대로 먹어 온 때문인데, 어릴 때 각인된 맛은 잊지 못한다. 중국은 잉어, 일본은 돔, 프랑스는 넙치, 미국은 연어, 덴마크는 대구, 우리는 당연히 명태가 으뜸이다. 우연찮게도 이들 물고기가 모두 그렇게 심하게 비리지 않다는 공통점이 있구나!

붕어 비늘은 아주 크고, 기왓장 아래쪽 머리가 위쪽 밑자락에 들어가게 포개듯이 살에 세게 박혀 있어서 물의 저항을 줄인다. 물고기 비늘을 서슬 퍼런 식칼로 꼬리에서 머리 쪽으로 칼질하는 것을 생각해보면 어떻게 드러누웠는지 알 것이다. 개체마다 조금씩 차이가 나기는 하지만, 보통 붕어 한 마리가 한쪽 배때기에 평균하여 비늘이 320개가 넘으니, 양쪽 모두 합치면 640개가 넘는 비늘이 온몸을 덮고 있다! 해를 거듭할수록 마냥 몸집이 불어나면서 덩달아 비늘도 따라 커지지만 비늘 수가 늘진 않는다.

붕어에 얽힌 속담이 더러 있다. "사탕붕어의 경둥경둥이라"

는 "속 빈 강정(의 잉어등 같다)"란 말과 다르지 않다. '사탕붕어'
란 속이 텅 비고 가볍다거나 가진 것이 없는 변변치 못한 사
람을 비유하며 '붕어사탕'이라고도 한다. '겅둥겅둥'이란 긴 다
리로 계속해서 채신없이 가볍게 뛰는 모양을 뜻하는 말로서,
속이 빈 사탕붕어처럼 몸에 일전 한 푼의 돈도 지니지 않았음
을, 겉만 그럴듯하고 실속이 없음을 비유한다. "삼 붕어를 그
리다"란 속담은 어떤 물건을 다른 사람도 사지 못하게 흥정하
여 놓고 자기도 사지 않음을 이르는 말이다. "붕어빵엔 붕어
가 없다"란 당연히 있어야 할 것이 없는 현상을 꼬집은 말이
며, '붕어빵'이란 '얼굴이 매우 닮은 사람'을 일컫는 말로 널리
쓰인다.

고사리 같은 손

은나라 백이伯夷와 숙제叔齊는 주나라 무왕이 은나라 주왕을 치려는 것을 말렸으나 무왕이 듣지 않자 수양산에 들어가 고사리를 캐어 먹으며 숨어 살다가 굶어 죽었다는 고사가 있다. 유가에서는 이들을 청절지사清節之士로 크게 높여 섬긴다. 뒷날 성삼문은 수양대군이 왕위를 빼앗는 것을 보고 시를 한 수 짓는다. 고등학교 시절 고문 시간에 배워 익힌 기억이 소록소록 새롭게 나는 시렷다.

수양산首陽山 바라보며 이제夷齊를 한恨하노라

주려 주글진들 채미採薇도 하난 것가

비록애 푸새엣거신들 긔 뉘 따헤 낫다니

(수양산을 바라보며 백이와 숙제를 원망하노라

차라리 굶어 죽을지언정 고사리를 캐 먹었다니

비록 푸성귀일지라도 그것이 누구 땅에서 난 것인가.)

고사리, 고비를 한자로는 미薇, 영어로는 펀Fern 또는 브랙
큰Bracken이라 한다. 이들은 마르고 볕 잘 드는 땅에서 잘 자라
는데, 지금 우리나라 산은 숲이 정글처럼 우거져 고사리가 날
자리를 잃어서 고사리도 밭에다 키워서 먹는 판이다. 고사리
뿐만 아니라 산나물도 같은 처지다. 그래서 농담반 진담반으
로 시골 사람들이 "산에 불이나 났으면 좋겠다"란 말을 하더
라. 그런 소리 작작해라. 고사리나 묵나물은 못 먹어도 좋으
니 산아, 산아 더 푸르거라! 육이오 전쟁 때 내가 뒷산 나무를
홀랑 다 베어서 민둥산을 만든 장본인이라 더욱 그런 생각을
한다. 요즘 북한의 산 꼴이 그때 그 모습이다.

그래서 요새는 밭에다 골골이 북을 돋우고, 산에서 캐 온
고사리 뿌리를 일정한 간격으로 심는다. 물론 뿌리는 가을이
지나 잎이 시들어 죽은 다음 캐는 것이 좋다. 겨울 전에 판 뿌
리는 얼거나 마르지 않게 땅속에 묻어서 겨울을 나며, 봄에
캐는 것도 뿌리가 마르지 않도록 심기 전까지 임시로 땅에다
심어서 보관한다. 겨울을 난 것은 싹을 틔우기 전인 3월 중순

쯤 뿌리를 20~30센티미터 간격으로 잘라서 심는다. 이렇게 심은 뿌리줄기가 한도 끝도 없이 퍼져 나가니 그것을 새로 잘라 심거나 파서 종자뿌리로 내다 판다고 한다.

고사리*Pteridium aquilinum*는 여러해살이풀로, 이른 봄에 다른 풀은 추워서 웅크리고 꿈쩍도 않는데 녀석들은 일찌감치 뿌리줄기에서 잎이 피지 않은 새싹을 길쭉길쭉 틔운다. "고사리도 꺾을 때 꺾는다"고 무슨 일이든 다 해야 할 때가 있는 것이니 그때그때 얼른 여지없이 해치워야 한다. 해마다 고사리 꺾으러 다니는 사람들 머리에는 고사리 지도가 그려 있어 어디에 얼마나 나는지 훤히 알지만, 초행인 사람은 무턱대고 두리번거리며 안달하는데 그래봤자 늘 허탕이다. 몸을 쓰지 말고 머리를 쓰라 했겠다. 무엇보다 수북이 너부러진 마른 줄기 덤불을 찾는 것이 지름길이다. 자리를 찾기가 어려우나 천신만고 끝에 찾게 되면 마침내 산지사방이 온통 고사리 천지다. 하나가 있으면 반드시 주변에 친구 놈이 버티고 있으며, 무더기로 나는 것이 특징이기 때문인 것. 15센티미터가 넘는 탱탱하게 물오른 대궁이(줄기) 그루터기를 잡고 단번에 살짝 밀면 쉽게 톡 꺾이는데, 아랫동아리의 댕강 잘린 자리에서는 상처를 아물게 하는 진물이 흥건하게 난다. 보통 허리 한번 꺾어 고사리를 하나 꺾으니 한참 뒤에는 꾸부정한 허리가 남의 허리가 된다.

지금의 고사리는 1억4천5백만 년 전에 태어난 아주 오래된 식물로 '양치羊齒식물'이다. 양치식물이란 이름 그대로 잎 가장자리가 '양의 이빨'을 닮아 붙은 이름이다. 잎, 줄기, 뿌리의 구별이 뚜렷하고, 물관과 체관을 갖는 관다발식물이며, 꽃이 피지 않고 포자로 번식하는 포자胞子식물로 세계적으로 이 속에 드는 것은 11종이 있다.

고사리는 뿌리줄기를 뻗어 거기서 새순을 내지만 포자로도 번식한다. 이파리 뒷면에 있는 수많은 홀씨주머니(포자낭)에서 감수분열로 포자가 만들어지고, 그것이 땅에 떨어져 줄곧 싹을 틔우니 바로 전엽체前葉體다. 헛뿌리가 붙어 있는 전엽체에 정자를 만드는 장정기藏精器와 난자를 만드는 장란기藏卵器가 있다. 여기에서 만들어진 정자와 난자가 수정하여 자라니 그것이 어린 고사리다. "고사리 같은 손"이라거나 "고사리밥 같은 손"이란 어린아이의 여리고 포동포동한 손을 이르는데, 쭉 뻗은 줄기 꼭대기에 꼬불꼬불 똘똘 말린 잎 뭉치가 꽉 쥔 아기 손 모양이라 붙은 말이며, 서양 사람들은 그 꼴이 '소용돌이 모양의 바이올린 머리'를 닮았다 하여 피들헤드Fiddlehead라고 부른다. 나선형으로 말린 '아기 손'이 슬슬 풀리면서 널따란 새 잎사귀를 슬금슬금 펴니, 어린 고사리 몽우리는 '어린이 주먹' 같은데 펼치면 '봉황새 꼬리' 같다. 뻣뻣하게 센 고사리 줄기는 가려서 버리고 여린 고사리 잎만 고스란히 따 모으니 그것이 '고사리 밥'이다.

다른 산나물이 다 그렇듯이 고사리도 데친 뒤 물에 푹 담가 불려서 독 성분을 우려낸 다음 땡볕에 말려 꾸깃꾸깃 두루뭉 수리로 꾸러미를 꾸려 꽁꽁 처매 오래오래 보관한다. 그것을 삶아 참기름, 간장, 다진 파, 마늘, 깨소금을 넣고 조물조물 버무려 볶으니 고사리나물이요, 나물이나 국거리는 물론이고 비빔밥에는 약방의 감초처럼 들어간다. 익혀 우려내지 않은 고사리에는 비타민 B1 분해효소인 아노이리나아제aneurinase가 들어 있어서 고사리를 많이 먹을 경우 비타민 B1 결핍증인 각기병脚氣病에 걸릴 수 있으며, 프타퀼로사이드ptaquiloside라는 발암물질이 들어 있어서 위암의 원인으로 치며, 흔히 고사리가 정력을 떨어뜨린다고 알려졌다. 그러나 응달이 있으면 양달이 있는 법. 단백질이 많고, 면역력을 높여주며, 식이섬유가 풍부하여 배변에도 좋다 한다.

고사리는 번식력이 하도 강해서 송두리째 꺾었어도 일주일 만 지나면 끝끝내 꼿꼿이 새순을 피운다. 고사리나물을 제사 상에 올리는 것은 이처럼 퍽이나 끈질기고 억세어서 무슨 일 이 있어도 기어이 홀씨를 남기니, 이처럼 후손을 이어 가게 해달라는 간절한 바람이 담긴 것이라 한다. 북한 속담에 "고사리는 귀신도 좋아한다"고, 예로부터 고사리는 제상을 받으러 온 귀신도 다 좋아해서 제상에 빼놓지 않고 올려놓았다. 모름지기 제사상에는 자식들의 정성이 담겨야 한다. "정성이 지극하면 동지섣달에도 꽃이 핀다" 하지 않는가. 그래도 허례허식虛禮虛飾은 삼가는 것이 자식의 도리다.

부엉이 방귀 같다

부엉이는 날카로운 부리와 날 선 발톱을 가진 성깔머리 있는 맹금류로 올빼밋과에 속한다. 여기에 드는 새는 소쩍새, 큰소쩍새, 수리부엉이, 솔부엉이, 올빼미, 긴점박이올빼미 등이 있다. 소쩍새와 부엉이 무리는 모두 머리 꼭대기에 다른 동물이 무섭게 느끼는 긴 귀 모양의 귀깃 두 개가 우뚝 솟아 있으나 올빼미는 그것이 없다. 부엉이와 올빼미는 아주 닮아서 형제는 못 되어도 사촌보다 더 가깝다 하겠다. 올빼밋과 새는 현재 온 세계에 130종이 넘는 것으로 알려져 있고, 우리나라에는 한 과가 기록되어 있다. 그 과에서 올빼미와 부엉이는 각각 네 종씩이고, 소쩍새는 두 종이다.

  부엉이 무리는 야행성이며 편평한 얼굴에 앞으로 모인 큰 두 눈을 가졌다. 그런데 우리나라에서 부엉이라고만 부르는 종은 따로 없으며, 이름에 부엉이가 들어가는 종은 수리부엉이, 칡부엉이, 쇠부엉이, 솔부엉이가 있다. 이들 이름에서 '수리'는 수장首長, '칡'은 검은색, '쇠'는 작음, '솔'은 소나무라는 뜻이다. 여기서는 수리부엉이를 본보기 삼아 그들의 형태와 생태적인 특징을 알아보자.

수리부엉이Bubo bubo는 대표적인 올빼밋과 부엉이로, 한반도 전역에서 번식하는 텃새인데 어느새 희귀한 새 축에 들고 말았다. 평지에서 높은 산에 이르는 바위산의 벼랑이나 강을 낀 절벽 등지에 보금자리를 마련한다. 바위나 나무 위에 우두커니 직립 자세로 앉아 눈을 껌뻑거리는 것이 특징이며, 저녁부터 새벽까지 은근히 활동하는 야행성이며, 밝은 낮에는 물체를 잘 보지 못하기에 꼼짝 않고 숨어 지낸다. 그래서 고독하고 의지할 데 없는 신세라거나 일이 끝장이 났을 때를 "날 샌 올빼미(부엉이) 신세다"라고 한다. 고등동물에서는 완전야행성과 반야행성이 있는데 안경원숭이, 박쥐, 올빼미, 부엉이는 전자에 속하고 개, 너구리, 쥐는 후자에 든다.

몸길이 60~75센티미터, 몸무게 1.5~4.5그램인 큰 새로 몸집이 칡부엉이Asio otus의 두 배나 된다. 수리부엉이와 칡부엉이 학명을 보면 알 수 있듯이 '부엉이'란 이름만 빌렸을 뿐 그들은 서로 속까지 다르다. 머리 꼭대기의 귓가에 빼곡히 난 두 개의 갈색 털 뭉치인 귀깃이 비스듬히 솟아 있는데, 수컷이 더 우뚝 섰다. 꼬리는 짧고 막대처럼 뭉툭하며, 몸은 갈색 바탕에 검정색 세로 줄무늬가 있고, 예리한 눈초리에 눈동자는 검고 홍채는 굴색이다. 수리부엉이는 올빼미보다는 덜하지만 앞으로 향한 아주 큰 눈을 가지고 있고, 눈자위가 둥글넓적하게 두꺼운 깃털로 에워싸였으니 이를 '페이셜 디스크Facial disc' 라 하며 거기서 모은 소리를 귀에 전달한다. 개나 고양이보다 네 배나 소리를 더 잘 듣는다고 한다. 낮게 파도 모양으로 날며, 공중에서 나는 새를 가로채 잡기도 한다. 나뭇가지에 앉

아 예의 주시하고 있다가 먹잇감이 있다는 낌새를 차리면 세차게 곤두박질하여 덮쳐 쓰러뜨리고, 억센 발로 누르고 잡아 거친 부리로 쪼아 쥐어뜯어 먹는다. 대부분의 육식성 새들이 그렇듯이 먹이에서 소화가 안 되는 털이나 뼈 같은 것은 나중에 뭉치로 토하니 이를 펠릿Pellet이라 한다. 조류학자들은 펠릿을 분석하여 그 새의 식성을 알아낸다.

너울너울 후드득 홀가분하게 비상하는 올빼미는 특이하게도 날갯소리를 내지 않고 하나같이 조용히, 아주 가뿐히 먹잇감에 다가가 쉽사리 사냥하는 꾀보 새다. 이들은 다른 새에 비해 깃털이 큰 대신 수가 적으며, 깃대도 다르고 깃 가장자리가 톱니 꼴로 잘게 갈라진 탓에 소음이 덜하다. 훨훨 나는 날개는 벨벳 구조를 하여 움직일 때 소음을 흡수한다.

우리나라에서는 흔한 텃새였으나 약으로 쓰거나 박제를 하려고 마구 잡은 탓에 급작스레 감소하여 멸종위기 야생동식물 2급이 되었고 천연기념물 제324호로 지정되었다. 이들은 유라시아에 널리 분포하기에 '유라시안 이글 아울Eurasian eagle-owl'이라 하며, 외국에서는 해발 0에서 고도 4500미터까지 분포한다. 수리부엉이는 천적이 없으니 먹이 피라미드의 정점에 있는 정점포식자(apex predator)다.

암수가 모두 '우우' 하고 울부짖으며 다른 새의 둥지를 빼앗기도 하지만, 바위굴 밑이나 바위틈에 움쑥 들어간 자리에다 둥지 없이 한배에 두세 개의 알을 낳으며, 알을 품는 기간은 34~36일이다. 하루 식사량이 200~2000그램으로 개구리, 물고기, 곤충, 지렁이에서 도마뱀에 독사도 잡아먹는다. 새끼에게 새는 물론이고 꿩, 산토끼, 쥐 같은 정온동물을 잡아 먹인다. 새끼는 4~5주 동안 어미와 머물며, 5~7주 뒤에 늠름하게 둥지를 떠나나 20~24주 동안 부모의 보살핌을 받는다.

고목의 나무 구멍 속에 꿩, 토끼 같은 먹잇감을 저장하기 때문에 예로부터 부엉이를 재물을 상징하는 '부자 새'라 불렀고, 서양에서는 올빼미와 함께 지혜의 상징으로 여겼다. 그런데 동양에서는 '고양이 얼굴을 닮은 매'라고 해서 묘두응猫頭鷹

이라고도 했으며, 어미를 잡아먹는 불효조로 여기기도 했다. 민속에서는 한밤중에 우는 부엉이 소리가 죽음을 상징하는데, 부엉이가 동네를 향해 울면 그 동네의 한 집이 상을 당한다고 하였다.

부엉이가 닥치는 대로 이것저것 먹을거리를 물어다 저장고에 쌓아 놓는 습성이 있어서 없는 것이 없을 정도로 물자가 풍부한 경우에 "부엉이 곳간이다"라고 한다. "욕심은 부엉이 같다" 하면 욕심이 매우 많은 욕심꾸러기를, "부엉이 셈"이란 어리석어서 이익과 손해를 잘 분별하지 못하는 주먹구구식의 셈법을 말한다. 또 "부엉이 방귀 같다"란 자기가 뀐 방귀에도 놀란다는 뜻으로 사소한 일에도 잘 놀란다는 말이다. "부엉이 소리도 제가 듣기에는 좋다"는 자기 약점을 모르고 제가 하는 일은 다 좋은 것으로만 생각하는 경우를, "부엉이 집을 얻었다"는 횡재했음을 이르는 말이다. 글을 쓰면서 늘 느끼는 것인데 한 생물에 관련한 속담, 관용어, 사자성어의 수는 자연스럽게 그 생물에 관한 사람들의 연관도, 관심도에 비례하더라는 것이다.

수염이 대자라도 먹어야 양반

"수염의 불 끄듯"이란 말은 조금도 지체 못하고 성급하게 일을 후닥닥 서둘러 처리하는 것을 비꼰 말이다. 사람의 온몸에 나는 털은 피부와 마찬가지로 케라틴 단백질이 주성분으로, 흔히 살갗이 변한 것이라 한다. 털은 케라틴이 여러 층으로 쌓인 것이라서 뻣뻣하다. 얼굴에 나는 수염鬚髥을 염髥 또는 나룻이라 한다. 수염은 돋는 장소에 따라 명칭이 달라서 보통 코밑의 것을 콧수염, 턱에 나는 것을 턱수염, 볼에 돋는 것을 구레나룻이라 한다. 보리, 밀처럼 낟알 끝에 가늘게 난 까끄라기도 수염이라 부르는데, 길기로 유명한 옥수수수염은 까끄라기가 아니라 끄트머리에 꽃가루가 달라붙는 암술대다. 그리고 고양이나 쥐 입언저리에 난 뻣뻣한 털이나 미꾸라지, 메기

164

같은 물고기의 입가에 난 수염은 감각 작용을 하는 데 없어서
는 안 된다.

예전에는 생원이나 양반이 수염을 길렀다는 것을 눈치챌 수
있는 "나룻이 석 자라도 먹어야 샌님"이요, "수염이 대자라도
먹어야 양반이다"란 말에는 풍채를 돌보아 체면만 차려서는
안 된다는 뜻이 들어 있다. 이처럼 남자 수염은 권력은 물론
사내답다는 체력과 정력의 상징으로 통한다. 남자의 전유물인
수염 또한 건강의 상징이렷다! 턱주가리만 내밀어도 공격적이
고 위협적으로 여겨지는데, 거기에 억세고 긴 털까지 덥수룩
하게 나 있으면 더더욱 협박성을 띠게 된다.

사춘기부터 나기 시작하는 남자의 전유물인 수염은 남성호
르몬인 테스토스테론이 털이 나오는 모낭을 자극하여 털을 웃
자라게 하는 것이다. 유방이 여자의 2차 성징이듯이, 수염은
남성의 2차 성징으로 권위나 권력의 상징이 된다. 수염도 머
리털 같아서 건강한 사람은 힘차고 기름기가 자르르 흐르나
노약한 사람의 것은 맥 빠지고 퍼석하다. 건강한 사람은 수
염이 빨리 자라는데 늙고 병들면 성장이 더뎌 잘 자라지 않는
다. 이런 뜻에서 "왜 수염이 이리 빨리 길어?"란 쓸모 있는 말
이다. 안드로겐은 테스토스테론보다 넓은 뜻의 남성호르몬을
칭하는데, 이들 남성호르몬은 고환에서 만들어진다. 그러므로

거세한 환관은 수염이 나지 않는다. 참고로 2차 성징은 사람 뿐 아니라 닭이나 물고기 같은 척추동물에게도 나타나며, 고환 때문에 수퇘지 고기에서 지린내가 난다고 거세를 한다.

여자의 몸에서도 남성호르몬이, 남자의 몸에서도 여성호르몬이 조금씩 만들어진다. 여인네들도 나이가 지긋이 들어 노인이 되면 코밑에 수염이 가뭇가뭇 나고, 음성도 탁하게 되니 이 또한 남성호르몬이 증가한 탓이다. 여자가 젊었을 적엔 몸에 제법 생기는 남성호르몬을 간에서 파괴해버리지만 늙으면 간도 따라 늙어 남성호르몬을 분해하지 못하여 할머니가 남자처럼 되는 것. 반면에 할아버지가 되면 유방이 커지면서 수염이 자라는 속도가 느려지고 목청이 여성화하니 이 또한 간이 여성호르몬을 파괴하지 못한 탓이다. 한마디로 늙으면 남자는 여성화하고 여자는 남성화하니, 목소리까지 잦아진 영감님은 집으로 슬금슬금 기어들고 우락부락 억세진 할망구는 밖으로 나돈다. 이 모두가 요망한 호르몬의 장난질인 것. 어쨌거나 호르몬 작용으로 암수가 구별이 된다는 말씀이다.

찰스 다윈은 『인간의 유래(The descent of man)』에서 멋진 수염을 가진 남자가 여자에게 선택을 받는다는 '성 선택(자웅선택)'을 설파했다. 현대 학자들도 더부룩하게 수염 난 남자가 여자에게 더 매력적으로 보이고, 진화적으로 낫다는 것을 밝혔다.

수염은 곧 남성호르몬의 대명사이니까.

그런데 그 멋 나는 수염을 면도하는 이유는 무엇일까? 갓 면도를 한 털보 사나이 얼굴에 난 파릇한 수염 자국이 여자들에게는 아주 매력적으로 보인다나! 그래서 털을 깎는 것일까? 수염을 깎음으로써 얼굴이 곱살해져서 젊어 보이고 단정하여 남에게 우호적으로 보인단다. 죽음을 내일모레 앞둔 한 친구가 아침 면도를 꼬박하는 걸 보면 그 짓이 버릇이고, 본능에 가까운 행위인가 보다. 필자는 채집 떠나기 며칠 전부터 수염을 깎지 않으니 이는 강한 햇빛을 받아 얼굴이 타는 것을 예방하기 위해서다. 애초부터 필요하지 않은 것은 우리 몸에 생기지 않는다. 그런데 세상 사람들은 얼마나 그놈의 수염 깎기에 시간과 돈을 들이는지 모르겠다. 유명 면도기 회사들의 판매 실적을 보면 알 수 있다. 전기면도기 종류는 또 얼마나 많고.

수염을 깎고 기르는 것은 시대와 종교에 따라 다르다. 텁석나룻도 다 달라 히틀러의 얌체 수염, 카이저의 위엄 있는 수염, 채플린의 굴레 수염 등 종류도 다양하며, 콧수염만 기르는 사람, 턱에 몇 가닥만 길게 드리운 채수염을 한 사람도 있다. 머리카락이나 수염이 숱이 많고 짧으며 더부룩한 것을 놓고 "두루미 꽁지 같다" 하지. 수염은 하루에 0.27~0.38밀리미터씩 자라고, 낮보다는 밤에, 겨울보다는 여름에 더 빨리 자란다. 사랑을 하지 않는 사람보다 사랑에 빠진 남자 수염이 더 잘 자란다. 사랑을 하면 예뻐진다! 자르지 않고 그대로 둘 경우 1년이면 30센티미터가 넘게 자라 배꼽까지 내려 뻗는다 (세계 최고 기록은 4.29미터). 사람의 실상은 머리가 무릎까지 치렁거리고 수염이 가슴팍을 덮은 꼴인 것인데, 자꾸만 자르고 깎고 만지작거려서 허상이 되어 버렸다.

한편 남에게 마땅히 해야 할 일도 하지 아니하고 모르는 체 시치미를 뚝 떼는 것을 두고 "수염을 내리 쓴다"고 한다. 또 "늙은이한테는 격에 맞게 수염이 있어야 어울린다"고 하듯 수염은 분명히 어른스러움을 나타내는 또 다른 상징물이다. 대학 때만 해도 수염을 하나 뽑으면 두 개가 난다는 거짓말에 속아서 염소수염을 뽑아버리곤 했지. "오래 살면 맏며느리 얼굴에 수염 나는 것 본다", "손자 턱에 흰 수염 나겠다"고 하지만 건강하게 오래오래 살고 싶은 것은 누구나 마찬가지일 터. 또한 "자식은 수염이 하얘도 첫걸음마 떼던 어린애 같다"고 부모 마음은 다 한 가지다.

방심은 금물, 낙타의 코

삶터가 사막인 사람들은 오아시스에서 낙타를 치면서 농사를 짓고 사는 정착민과 낙타 먹일 풀과 샘을 찾아 돌아다니는 유목민, 그리고 무리를 지어 장사하는 카라반이라고 하는 대상으로 나뉜다. 낙타는 무거운 짐을 운반하는 '사막의 배'이자 고기와 털과 젖을 내주는 유용한 가축이면서 사막 전쟁에서는 없어서 안 될 '탱크'였다. 낙타는 소목 낙타과에 속하는 포유류로, 발가락이 두 개인 우제류며, 먼 옛날 반추동물에서 갈려 나온 것으로 본다. 특이하게 앉은 자세로 짝짓기를 하고, 임신 기간은 9~11개월로 보통 한 마리의 새끼를 낳으며, 탐스런 새끼는 몇 시간 뒤에 뚜벅뚜벅 걷고, 어릴 적엔 등에 혹이 없다. 여기 속절없는 필자의 무식함을 고백한다. 지금까지

'타락駝酪'이란 단어를 볼 때마다 옛날에 우리나라에도 낙타가 있었나 하는 의문을 가졌는데, 그건 쌀을 물에 불려 맷돌에 갈아서 뭉근한 불에 절반쯤 졸일 때까지 끓이다가 우유를 섞어 쑨 '우유죽'을 일컫는다고 한다.

낙타는 약대라고도 하며 '단봉單峰'과 '쌍봉雙峰' 둘로 나뉘는데, 단봉낙타가 90퍼센트를 차지한다. 등에 두두룩하게 솟은 혹(육봉)이 하나인 단봉낙타는 몸길이 3미터, 높이 1.8~2.1미터, 몸무게 450~600킬로그램이다. 야생에는 거의 없고 아프리카, 아라비아반도, 이란, 인도 북서부 등지에서 길러 왔다. 혹이 둘인 쌍봉낙타는 아프가니스탄, 파키스탄, 고비사막, 몽골 등지에서 길러 왔으며, 야생종은 투르키스탄과 고비사막에 매우 적은 수가 남았다고 한다. 짐을 나르는 쌍봉낙타는 단봉낙타보다 약간 작으며, 털이 굵고 길다. 수컷은 목에 혓바닥과 비슷한 분홍색의 큰 주머니가 있어서 암컷의 맘을 사거나 다른 수놈을 경계할 적에 쑥 뺀다고 한다.

낙타의 수명은 40~50년이며 거센 사막 기후를 아주 잘 견딜 수 있는 그악스럽고 특이한 신체 구조를 가진다. 목이 길어 키 큰 나무의 잎을 따 먹고, 혀와 입술이 두터워서 억세고 거친 가시가 많은 사막식물을 먹어도 상처가 나지 않으며, 소처럼 반추위를 가져서 자꾸 토해 꾹꾹 되새김한다. 사막 사람들은 낙타의 첫째 위(혹위)를 말려 물통으로 쓴다. 또 기다란 속눈썹은 센 직사광선을 가리고, 강한 모래바람의 먼지를 걸러 시야를 확보하며, 눈에 든 모래는 셋째 번 눈꺼풀이 걸어 낸다. 코는 맘대로 여닫을 수 있고, 귀에는 털이 있어 모래가 들어가지 못하게 막는다. 발은 스펀지처럼 푹신하고 넓어서 모래에 잘 빠지지 않으며, 보통 걷는 속도는 시속 40킬로미터지만 65킬로미터까지 속도를 낸다. 다리가 길어 뜨거운 지열을 덜 받으며, 두터운 털은 열의 전도를 막는 절연체로 작용한다. 또 적혈구가 둥근 다른 포유류와는 달리 달걀 모양이며, 후각이 매우 발달하였다. 다섯 살이 넘으면 배 바닥과 무릎에 고무 같은 패치Patch가 생겨나서 눕거나 무릎을 꿇는 데 보호대 역할을 한다.

사막엔 물이 적다. 그래서 낙타는 여러 면에서 물을 아끼는 생리를 갖게 되었다. 등에 있는 혹인 육봉은 물주머니가 아닌 지방 조직이다. 먹잇감이나 물이 떨어지면 그 지방을 에너지로 대신 쓰기에 혹은 점점 작아지고 부드러워지며, 지방물질 대사의 결과로 에너지와 열을 내는 것은 물론이고 대사산물인 물도 함께 나오니, 혹은 밥통이며 물주머니인 셈이다. 그리고 신장 세뇨관의 물 재흡수력이 강해 소변은 진한 시럽 같고 대변은 바짝 말라 땡글땡글하다. 그리고 날숨 때 나간 습기는 기다란 콧구멍에 갇혔다가 들숨 때 다시 허파로 들며, 땀을 적게 흘리는 편이고 땀으로 몸무게의 25퍼센트를 잃어도 쉽사리 죽지 않고 견딘다.

약간 벗어난 이야기를 하나 덧붙이자면, 사막은 낮 온도가 사람 체온보다 훨씬 높아 옷을 껴입고 머리에 두건을 써서 열기가 몸으로 드는 것을 막지만 밤이 되면 성큼 썰렁해진다.

사막여우 같은 정온동물은 귓바퀴가 무척 크고 꼬리가 아주 길어서 열을 쉽게 발산하는데, 북극여우는 귀가 작고 꼬리가 짧아서 체온을 보호하니, 기온에 따라 다리, 꼬리, 귀, 얼굴, 코 같은 몸의 돌출부 크기가 달라지는 이런 현상을 '알렌의 법칙(Allen's rule)'이라 한다.

아랍 우화에 '낙타의 코' 이야기가 있는데 "텐트 속에 낙타의 코(The camel's nose in the tent)"라거나, "만일 낙타가 텐트에 코를 넣으면 머잖아 몸도 넣고 말 것이다(If the camel once gets his nose in the tent, his body will soon follow)"란 속담이 그것이다.

온종일 사막을 가로질러 온, 갈 길 바쁜 아랍 상인은 텐트를 치고 낙타를 바짝 매 두었다. 상인은 뒤척임도 없이 곤하게 잠이 들었는데, 낙타가 코를 텐트 덮개 밑으로 슬쩍 집어넣고는 "주인님, 밖은 춥고 바람이 세차서 그런데 제 코만 텐트 안에 좀 넣으면 안 되겠습니까?" 하고 보챘다. 그까짓 코 하나쯤 하며 상인은 "좋다. 그리하라" 하곤 잠이 들었다. 곤히 자던 상인이 몸을 뒤척이다 걸리적거리는 것이 있어 눈을 떠서 보니 낙타 녀석의 코뿐만 아니라 머리와 모가지까지 텐트에 들어와 있는 게 아닌가. 낙타는 머리를 까닥까닥 흔들면서 "여유가 좀 더 있으면 내 앞다리를 텐트에 넣었으면 좋겠는데 좁아서……" 은근슬쩍 한마디를 띄운다. 주인은 볼멘소리를 하고 싶지만 꾹 참고 마지못해 몸을 한구석으로 비키면서 "그리하라" 한다. 그러나 낙타의 요구는 여기서 끝나지 않았다. "뒷다리가 추워 얼면 내일 길을 떠날 수 없으니 마저 텐트에 넣으면 안 될까요?" 망설임 없이 묻는 터에 주인은 다시금 "그리하라" 하고 잠이 들었다. 맹랑한 낙타 놈은 옴쭉옴쭉 기어들어 텐트 하나를 스스럼없이 다 차지하고 결국 주인은 밀려났으니 주객이 전도되고 말았다.

나름대로 재미나게 꾸며 봤는데, 이는 낙타의 코를 조심하라는 아랍 우화로, 처음에는 사소한 듯해서 방심한 일이 나중에는 걷잡을 수 없게 된다는 교훈이다. 처음에는 개미만큼 작고 대수롭지 않던 것이 점점 커져서 나중에는 범같이 크고 무서운 것이 된다는 "개미 나는 곳에 범 난다"는 말도 마음에 새겨 둘 것이다. "사람이 죽은 뒤에 약을 짓는다"는 사후약방문死後藥方文이나 "소 잃고 외양간 고치기", "양 잃고 우리 고치기"는 일이 이미 잘못된 뒤에는 후회하며 손을 써도 소용없으니 처음부터 미리 잘 준비해야 탈이 없다는 것을 일러준다.

벌레 먹은 배춧잎 같다

"배추 밑에 바람이 들었다"는 남 보기에 절대로 그럴 것 같지 않은 사람이 좋지 못한 짓을 함을, "배추밭에 개똥처럼 내던진다"는 마구 집어 내던져 버림을, "시든 배추 속잎 같다"는 시들어서 흐늘흐늘해진 배춧속같이 맥없이 축 늘어짐을, "씻은 배추 줄기 같다"는 얼굴이 희고 키가 헌칠함을, "벌레 먹은 배춧잎 같다"는 벌레가 파먹은 배추 잎사귀 같다는 뜻으로 얼굴에 검버섯이나 기미가 많이 낀 모양을 이른다.

배추에는 여러 품종이 있는데 우리가 먹는 배추는 쌍떡잎식물 양귀비목 십자화과 배추속의 두해살이풀로 중국 원산이다. 겉잎은 달걀을 거꾸로 세워 놓은 모양이고, 잎 가운데에 넓은 흰색의 가운데 맥이 있으며, 뿌리에 달린 잎은 땅에 깔리지만 줄기에 달린 잎은 줄기를 싼다. 꽃은 샛노란 꽃잎 네 장이 십자 모양을 이룬 꽃부리, 즉 십자화관이다. 꽃은 암술 한 개와 수술 여섯 개가 있는데, 그 가운데 네 개는 길고 두 개는 짧다. 암술이 먼저 성숙하므로 꽃피기 전 4~5일부터 수정을 할 수 있다. 모든 환경 조건이 알맞으면 배추는 싹을 틔운 뒤 60~90일이면 배춧잎이 여러 겹으로 둥글게 속이 드는 상태인 통통한 결구結球가 된다.

배추는 영양가가 괜찮은 편으로 비타민A, 카로틴, 비타민 B1, 비타민B2, 니코틴산, 비타민C가 들어 있으며 희거나 누런 부위보다 푸른 잎에 많다. 또한 무, 배추, 브로콜리, 양배추, 케일, 콜리플라워 같은 십자화과 식물에는 특히 인돌-3-카비놀indole-3-carbinol이 많이 들어서 DNA 손상을 치료하고 암세포의 성장을 억제한다고 한다.

배추는 서리 전에 거두는 무보다 추위에 강해서 영하 4~5도 정도로는 얼지 않으며, 기온이 떨어지기 전에 겉잎으로 배추 머리를 감싸 묶어 배춧속이 얼지 않게 한다. 필자도 가을 배추를 가능한 오래오래 땡땡 얼리며 팽개쳐 둔다. 그런데 늦가을에 접어들면 푸나무는 일찌감치 고달픈 냉한을 알아채고 겨울 날 준비를 하느라 부동액을 비축하니 이를 '담금질'이라 한다. 세포에 프롤린proline이나 베타인betaine 같은 아미노산은 물론이고 수크로오스sucrose 같은 당분을 저장한다는 말이다. 다시 말해 세포에 유기물이 잔뜩하여 걸쭉해지므로 저온에 순응하여 동해(언 피해)를 입지 않으니, 이는 소금기 짙은 바닷물이나 유기물이 한껏 늘어난 한강이 예전보다 결빙이 잦지 않은 것과 같은 이치다. 저온을 견디기 위해 배추도 버젓이 담금질을 하고 있다. 하여 봄여름 배추나 채소보다 늦가을 것이 맛나고 향기로운 것이다.

이른 봄에 먹는 배추인 '봄동'이 따뜻한 겨울에 남부 해안가에서 자라니, 노지에서 겨울을 나 꽉 찬 속이 생기지 못하고 푸른 잎사귀를 넓적하게 펼친 치마배추(북한말임)를 닮았다. 이는 따로 품종이 있는 것이 아니고 어떤 배추든 그렇다 하며, 달착지근하고 사각거리며 씹히는 맛 때문에 봄에 입맛을 돋우는 겉절이나 쌈으로 즐겨 먹는다.

무와 배추에서 돋은 꽃줄기를 장다리라고 하며, 거기에 열린 꽃을 장다리꽃이라 한다. 가을에 씨를 뿌린 배추와 무는 지푸라기를 덮어 둔다. 겨울을 나면 봄에 새순이 돋는데 그 새순에서 꽃줄기인 장다리가 돋는다. 무에는 옅은 보라색 십자화가, 배추에는 유채꽃 비슷한 노란색 십자화가 무더기로 피기에 봄꽃 나비가 즐겨 찾는 꽃이다. 사흘에 피죽 한 그릇도 제대로 못 얻어먹는 보릿고개를 넘기느라 배곯고 눈이 떼

꾼했던 우리는 삘기(띠의 어린 꽃이삭)나 찔레의 순과 함께 장다리 열매를 부지런히 따 먹었다.

배추는 주로 배추밭의 악동인 배추벌레가 해를 입힌다. 배추흰나비는 나비목 흰나비과 곤충으로 몸은 짙은 연두색을 띠며, 잔털이 몸에 빽빽이 나고, 배춧잎과 같은 색을 가진 보호색이라 사람 눈에 잘 띄지 않는다. 배추흰나비는 한 해에 두세 번 알을 낳으며, 배추, 무, 양배추에 피해를 왕창 끼친다. 잎사귀 뒤에 지름 2밀리미터쯤 되는 노르스름한 알을 모아 낳고, 알은 5~7일이면 애벌레로 깨어나며, 태어나기 바쁘게 자기 알껍데기를 먹고 배춧잎을 야금야금 갉아 먹으며 실팍하게 자라면서 몸길이가 3센티미터나 되는 어엿한 초록색 배추벌레가 된다. 하지만 동작이 뜬지라 한눈팔다가는 눈 깜짝할 사이에 말벌이나 쌍살벌, 노린재 같은 곤충 밥이 되고 만다. 유충은 15~20일이면 어지간히 자랄 대로 자라 으슥한 곳에서 입에서 실을 내어 몸을 칭칭 둘러 묶어 번데기가 된다. 번데기가 된 뒤 7~10일이면 어른벌레가 된다. 어른벌레는 꽃물을 따러 무, 엉겅퀴, 망초, 고들빼기, 냉이, 멍석딸기, 아욱 같은 숙주식물에 모이고, 습지에서 물을 마시기도 한다.

무청을 말린 것이 시래기요, 배추를 다듬을 때에 골라 놓은 겉대가 우거지인데, 옛날에는 배추 꼬랑지도 먹었지. 참, 잔뜩 찌푸린 얼굴을 속되게 일러 '우거지상'이라 하지. 그런데 배추가 주로 김장용이라면, 무는 뿌리도 먹고 무청도 먹는다. 늦가을 서리 내릴 무렵 무 머리에서 자른 통통하고 때깔 좋은 푸른 무청을 새끼로 엮어 그늘에 널어 말린 것이 시래기다. 시래기는 소죽 삶듯이 되게 오래 푹 삶아 물에 우렸다가 시래기나물, 시래기찌개, 시래깃국 같은 반찬을 만들어 먹는다. 시래깃국은 시래기에 쌀뜨물과 된장을 걸러 붓고 통 멸치를 넣어 끓인다. 겨울이면 그 국에다 밥을 말고 익은 배추김치를 턱턱 걸쳐 입이 미어지게 우겨 먹었으니, 먹을 것이라고는 그것이 전부였다 해도 과언이 아니다. 그러고도 죽지 않은 것은 분명 조상의 도움 때문이었으리라. 오는 가을에도 신산辛酸의 역사와 내 생명이 묻어 있는 무, 배추를 잘 가꿔야지.

치명적 약점, 아킬레스건

아킬레스건에는 두 가지 뜻이 들어 있다. 첫째는 의학적으로 '발뒤꿈치의 힘줄(Achilles' tendon)'이란 뜻으로 장딴지근육과 가자미근육의 힘줄을 합쳐 부른 것이다. '아킬레스건 파열'이라거나 '운동하다가 아킬레스건이 끊어졌다'라 한다. 둘째는 약점, 취약점을 이르는 말로 '아킬레스의 뒤꿈치(Achilles' heel)'를 말한다. '그가 나의 아킬레스건을 건드렸다'거나 '노사 문제는 한국 경제의 아킬레스건', '일본의 아킬레스건인 역사 인식', '게으름이 나의 아킬레스건' 식으로 쓰인다.

아킬레스건은 그리스 신화에서 유래하였는데, 아킬레스Achilles는 아킬레우스Achileus의 영어 이름으로 바다의 여신 테티스Thetis의 아들이다. 테티스는 아들이 어려서 일찍 죽을 것이라는 예언을 듣고, 이를 막기 위해 젖먹이 아들을 스틱스 강물에 담갔다. 그러나 테티스가 엄지와 집게손가락으로 아킬레스의 뒤꿈치를 붙잡고 있는 바람에 그곳만 마력의 강물에 닿지 않아 아킬레스 몸에서 유일하게 상처를 입을 수 있는 부위가 되었다. 아킬레스는 자라서 그리스군의 가장 뛰어난 거출진 장군이 되어 수많은 전쟁에 나가 혁혁한 공을 세웠다. 그런데 트로이의 왕자 파리스Paris가 그리스 왕비 헬렌Helen을 유괴하는 바람에 두 나라 사이에 10년 동안이나 전쟁이 계속 되었다. 이 전쟁에서 불사조로 불리던 아킬레스는 그만 적장 파리스가 쏜 독화살에 뒤꿈치를 맞아 죽고 만다. 이 때문에 그 부위를 아킬레스건이라 부르게 되었다.

아킬레스건은 몸에서 가장 두껍고 크며 제일 질기고 센 힘줄로 길이는 15센티미터쯤이며, 주로 뜀뛰고 걸으며 달리는 데 쓰인다. 나무 위에 사는 큰 원숭이들은 이 힘줄이 가늘고 짧으며 숫제 없기도 하지만, 땅에 사는 긴팔원숭이나 사람은 아주 길고 두꺼우며 크다. 걸을 때는 몸무게의 3.9배, 달릴 때는 9.9배의 힘을 받는다고 하고, 질기고 억센 섬유성 결합조직으로 콜라겐collagen이 86퍼센트, 엘라스틴elastin이 2퍼센트, 프로테오글리칸proteoglycan이 1~5퍼센트고, 나머지 0.2퍼센트 정도는 구리, 마그네슘, 칼슘 등으로 구성되어 있다. 발꿈

치에서 2~6센티미터 위에 있는 힘줄의 중앙부가 쉽게 끊어지니, 이곳은 혈액이 잘 흐르지 않는 부위라 그렇다고 한다.

아킬레스건은 장딴지근육이 끝나는 중간 지점에서 넓게 시작하여 아래로 갈수록 좁아지면서, 발꿈치뼈(종골) 뒷면에 가 달라붙는다. 이것은 장딴지근육이 수축할 때 강력한 발바닥 굽힘을 일으켜서 몸을 앞으로 튀어 나가게 하고, 달리거나 뛰어오르게 한다. 독자들은 지금 당장 발끝을 살짝 들어 올리고 발뒤꿈치와 장딴지 사이에 있는, 겉으로 튀어나온 빳빳하고 탱탱한 아킬레스건을 틀어잡고 좌우로 젖혀 볼 것이다. 이렇게 다리 운동에 중요하고 막강한 힘줄이지만 어쩌다 조금만 센 힘을 받으면 파열하거나 염증이 생기는 수가 있으니 잘 간수해야 할 나의 약점 부위이기도 한 것. 축구를 하다가 다른 선수가 뒤에서 태클을 하거나 체조 선수가 착지하는 순간에 우지끈 파열하고, 끊어질 때 툭! 하는 소리를 낸다. 다치면 영락없이 옴짝달싹 못하게 되어 봉합 수술을 하지만 얼른 낫지 않는다고 한다.

아킬레스건을 해부학적으로는 발꿈치뼈에 붙는다 하여 종골건踵骨腱이라고도 한다. 장딴지 뒤쪽으로 두 개의 커다란 장딴지근육과 그 사이에 길게 난 하나의 가자미근육이 모인 하퇴삼두근下腿三頭筋이 있다. 이것은 아킬레스건과 연결되어 발과 발가락, 종아리를 굽히고 펴는 역할을 하고, 궁둥이신경(좌골신경)에서 나오는 정강신경(경골신경)의 지배를 받는다. 결국 하퇴삼두근이 다리 힘의 원천인 아킬레스건을 형성하는데 걷기 운동을 많이 하면 종아리가 굵어지고, 어려서는 이 종아리를 맞고 자란다. 가자미근육은 장딴지근육의 아래에 있으며, 모양이 가자미 물고기를 닮아 붙은 이름이다. 걸을 때 안정된 자세를 유지하는 근육으로 특히 굽이 높은 구두를 신으면 이 근육이 늘어나 굵어진다.

우리 몸의 수많은 근육은 직접 뼈에 붙는 게 아니고 반드시 힘줄을 통해 다른 뼈와 연결된다. 이렇게 힘줄이 근육을 뼈에 연결한다면 인대는 뼈와 뼈를 잇고, 근막筋膜은 근육과 근육을 연결하는데, 모두 질깃하고 튼튼한 섬유성 결합조직이다. 주먹을 세게 쥐고 팔목 안쪽을 보면 자못 여러 힘줄이 줄줄이 불끈 솟는 것을 볼 것이요, 닭 다리를 잡아당겨 보면 뼈마디 사이에 검질기게 끊어지지 않는 인대를 본다. 인대는 혈관이 비교적 적은 조직이면서 관절을 안정하게 유지하며, 인대를 다치면 관절이 불안정하거나 탈골되기도 한다.

발을 조금 들어 올린 상태로 아킬레스건을 망치로 살짝 두드리면 반사적으로 장딴지근육의 수축으로 발이 발바닥 쪽으로 내리 굽는데, 이런 현상을 '아킬레스건 반사(Achilles' tendon reflex)'라 한다. 이 반사의 중추는 척수에 있기 때문에 척수에 장애가 생기면 반사하지 않게 된다. 하여 '아킬레스건 반사'로 척수나 척수신경의 병을 진단하며, 각기병에 걸려도 이 반사가 일어나지 않는다고 한다. 있을 때 잘하지란 말이 있듯이, 자기 몸을 평소에 등한하지 말고 잘 보살필 것이다. 육신은 영혼을 담는 그릇이라, 몸을 잃으면 얼도 떠난다. 때문에 건강한 육체에 튼실한 정신이 깃듦을 명심할 것이다.

흰소리 잘하는 사람은
까치 흰 뱃바닥 같다

"칠석날 까치 대가리 같다"란 칠월칠석날 까마귀(烏)와 까치
(鵲)가 머리를 맞대어 오작교烏鵲橋를 놓아서 견우와 직녀를 만
나게 함으로써 머리털이 훌렁 다 빠졌다는 이야기에서 나온
말로, 머리털이 빠져 성긴 모양을 빗대 이르는 말이다. "까마
귀가 까치 보고 검다 한다"는 자기 처지는 생각하지 않고 뻔
뻔스럽게 남을 흉봄을 비웃는 말이며, "까막까치 소리를 다
하다"란 까마귀와 까치가 울어대듯 시끄럽게 할 소리, 못할
소리를 다 하는 모양을 이르는 말이다.

　우리 시골에서는 까치를 '깐치'라 부른다. "아침에 까치가
울면 좋은 일이 있고, 밤에 까마귀가 울면 대변大變이 있다"
고 한다. 이는 눈 밝은 까치 눈에 낯선 사람이 띄면 쩍쩍거리

는 것이며, 후각이 발달한 까마귀가 밤새 사람이 죽어 송장이 썩어 흐르는 냄새를 맡고 운다는 말이 아니겠는가. 하지만 유난히 시끄럽게 떠드는 사람을 "아침 까치 같다" 한다. 이 새가 가까이서 울면 길조吉兆가 생긴다고 믿었던 길조吉鳥가 지금은 몹쓸 놈, 천덕꾸러기가 되고 말았다.

조금 더 보태면, 까치는 사람을 알아보는데, 동네 사람들의 몸차림이나 목소리까지 기억하고 있어서 낯선 사람이 동네 어귀에 나타나면 깍깍 울어 젖힌다. 실은 여기에서 "까치가 울면 손님이 온다"고 믿게 되었다. 까치는 까마귀, 앵무새 등과 함께 지능이 높아 영리하기로 이름난 새다. 까마귀나 까치의 뇌에서 인지기능을 하는 영역(nidopallium)의 크기가 놀랍게도 침팬지나 사람과 거의 맞먹고, 몸무게에 따른 뇌의 총량의 비율도 사람에 조금 못 미친다고 한다. 이들 머리는 결코 '새대가리'가 아니다.

까치Pica pica serica는 까마귀와 함께 참새목 까마귓과에 속하는 텃새로 몸길이 45센티미터, 날개 길이 19~22센티미터 정도로 까마귀보다 조금 작은데, 꽁지는 길어서 26센티미터에 이른다. 까치의 날개 끝은 짙은 보라색이고, 꼬리는 푸른 광택을 내며, 어깨 깃과 배는 아주 하얗고, 나머지는 죄다 검은색이다. 얼마나 예쁘고 멋지게 서로 잘 어울리는지 모른다. 그래서 터무니없이 자랑으로 떠벌리거나 거드럭거리며 허풍을 떠는 흰소리 잘하는 사람을 "까치 뱃바닥 같다"고 빗댄다.

까치의 걸음걸이도 특색이 있어서 '까치걸음'이라 하여 두 발을 모아 조촘거리며 종종걸음을 하거나 엉금엉금 걷기도 하고, 가끔은 날렵하게 깡충깡충 뛰기도 한다. '까치눈'이란 발 가락 사이에 금이 터져 갈라진 자리를 말하는데 무척 아리고 따갑다. 아마도 가늘게 째진 까치 눈을 본 뜬 말일 듯하다.

까치는 큰 나무나 전봇대, 고압 송전탑에다 나뭇가지를 얼 기설기 얽어 지름 1미터 되는 크기로 둥지를 만든다. 안에는 알자리로 진흙, 마른풀, 깃털 등을 깔고, 빛이 잘 드는 쪽에 다 몸이 겨우 빠져나올 정도로 조붓하게 문을 낸다. 둥지 한 채를 짓는 데 1000개가 넘는 나뭇가지가 쓰인다고 한다. 봄에 갈색 얼룩이 있는 옅은 푸른빛 알 대여섯 개를 낳아 17∼18일 동안 알을 품고, 새끼들은 알을 깨고 나와 22∼27일이 지나면 둥우리를 떠난다. 어떤 때는 쪼르르 잇따라 아래위에 연립주 택을 짓는다. 까치는 그해 큰물이 질 듯하면 둥지를 덩그러니 꽤나 높은 곳에 올린다고 하니 참으로 훌륭한 기상통보관이 요, 예보관이로다! 하찮은 "까막까치도 둥지가 있다"는 집 없 는 사람의 서러운 처지를 한탄하는 말이다. "솔개 까치집 뺏 듯"이란 솔개가 만만한 까치를 둥지에서 몰아내고 그 둥지를 차지한다는 뜻으로, 힘을 써서 남의 것을 강제로 빼앗는 경우를 이르는 말이렷다.

까치의 세력권은 보통 1.5~3킬로미터인데, 이 녀석의 세력권 지키기는 알아줘야 한다. 오뉴월에 새끼를 까고 나오는데, 이때쯤이면 동네 조무래기들이 장대를 들고 높다란 감나무의 까치집 똥구멍을 쑤셔댄다. 까치집에서 흘러내리는 꼬챙이, 터럭, 먼지가 아수라장을 이룬다. 사람이나 동물이나 어린 것들은 장난을 하지 않고는 못 배긴다. 까치 놈이 획획 달려들어 억센 부리로 쪼기에 중무장을 한다고 부엌에서 박 바가지를 가져와 머리에 뒤집어쓴다. 개구쟁이들이야 장난이지만 까치는 죽기 아니면 살기다.

까치는 부부의 정이 돈독한 일부일처인데 둘은 평생을 같이 하며, 홀로 되면 다른 것과 짝을 맺는다고 한다. 겨울 동안 수백 마리가 떼를 짓는데, 이때 서로 눈 맞추고 얼굴 익히는 '집단 맞선 보기(Marriage meeting)'를 한다. 까치는 잡식성이어서 쥐 같은 작은 동물을 비롯하여 곤충, 나무열매, 곡물 등을 닥치는 대로 마구잡이를 한다. 과수원에도 달려드는데 놈들 입맛이 귀신이라 꼭 맛있는 것을 파먹는다. 놈들이 그리 미워도 가을 감나무 우듬지에 홍시 몇 개를 남겨 두니 그것이 '까치밥'이다. 별것 아닌 새까지 배려하던 조상의 심성을 대물림할지어다.

문헌을 보니 옛 사람들은 '까치구이'나 '까치볶음'을 해서 먹은 모양이다. 까마귀는 정력에 좋다 하여 씨가 말랐다고 하지만 까치 먹는 이야기는 금시초문이다. "까치발을 볶으면 도둑질한 사람이 말라 죽는다"란 물건을 잃어버린 사람이 훔친 사람을 대강 짐작하여 상대를 떠보는 말이다.

똑똑한 까치는 거울에 비친 자기 모습을 알아본다. 어릴 때 커다란 거울을 마당에 들고 나가 장닭 앞에다 들이밀어 보았지. 아니나 다를까, 녀석이 눈알을 부라리고 목을 끄덕이며 당장 거울에 다가서더니만 무턱대고 몸을 날려 다부지게 두 다리에 붙은 싸움발톱(며느리발톱)으로 가차 없이 거울을 박찬다. 끝장을 보자는 자세다. 거울에 비친 놈이 자기를 노려보고 달려드는 것으로 알았던 게지. 까치보다 머리가 한참 둔한 수탉이다.

'희소식과 행운의 새' 까치는 준비하는 성질이 있어서, 가을철이면 한겨울에 찾아 먹으려고 먹이를 물어다가 언덕배기 양지 바른 곳의 잔디나 돌멩이 틈새에 몰래 쑤셔 넣어둔다. 까막까치가 그 짓을 하는데, 어디다 숨겼는지 기억 못할 때 "까마귀 고기를 먹었나?"라고 하는 것. 내 어릴 적에 실을 매 이를 뽑아 지붕에 던지며 "까치야, 까치야, 너는 헌 이 가지고, 나는 새 이 다오."라는 동요를 부른 기억이 아직도 생생하다.

계륵, 닭의 갈비 먹을 것 없다

우리 속담에 갈비에 관한 것을 살펴보자. "갈비 휘다"는 갈비뼈가 휠 정도로 책임이나 짐이 무거움을, "지렁이 갈비다" 또는 "지렁이 갈빗대 같다"는 전혀 터무니없는 것이거나 아주 부드럽고 말랑말랑함을, "냉수 먹고 갈비 트림한다"는 시시한 일을 해 놓고 큰일을 한 것처럼 으스대거나 하잘것없는 사람이 잘난 체 함을, "아직 이도 나기 전에 갈비를 뜯는다"는 아직 준비가 안 되고 능력도 없으면서 절차를 넘어서 어려운 일을 하려고 달려듦을 뜻한다.

갈비뼈(늑골)는 등뼈(척추)와 가슴 앞쪽 한가운데에 위치한 세로로 길쭉하고 납작한 뼈인 복장뼈(흉골)를 연결하여 가슴우리(흉곽)를 형성한다. 길고 활처럼 휘어 있는 총 12쌍으로 제일

위 1번부터 7번까지는 점점 길이가 길어지고, 8번부터 12번까지는 차차 짧아진다. 1늑골에서 7늑골까지는 복장뼈와 바로 결합하고 있어 진륵眞肋이라 하고, 나머지 아래 다섯 늑골을 가륵假肋이라 하는데, 마지막 11번과 12번 갈비뼈는 아주 짧고 끝이 복장뼈에서 떨어져 있기 때문에 부륵浮肋이라 부른다. 성경의 아담과 하와의 얘기를 믿고 남자가 여자보다 갈비뼈 하나가 적은 것으로 생각하기도 하지만 잘못된 상식이다.

갈비뼈는 생명과 직결된 기관인 심장이나 허파와 간을 보호한다. 또한 호흡을 위해 가슴 부위에 충분한 공간을 확보하고 있으니 이 공간이 흉강胸腔이다. 흉강 벽은 갈비뼈와 가로막(횡격막)으로 이루어졌으며, 이것들은 숨쉬기에 관여하는 기관이다. 숨을 내쉬는 것을 호呼라 하고 숨을 들이마시는 것은 흡吸이라 하며, 이 둘을 합한 것이 호흡이다. '호-흡-' 하고 소리 내어 보면 자연스레 숨을 한 번 내쉬었다가 들이마시게 된다. 한자 呼吸은 상형문자가 아닌 소리 따라 만든 상성문자가 아닌가.

날숨은 허파에 있는 공기가 밖으로 나는 것인데, 핏속에 이산화탄소 농도가 높아지면 숨골(연수)이 자극을 받아 가로막이 복강腹腔으로 올라오고, 갈비뼈가 눌려 흉강의 부피가 줄어듦으로 흉강 안쪽 압력이 대기압보다 높아져서 허파꽈리 안의 이산화탄소가 기도를 통해 밖으로 나간다. 한편 들숨은 공기가 허파로 드는 것으로 외늑간근이 갈비뼈를 위로 들어올리고, 가로막을 복강 아래로 내리면 흉강이 넓어져서 흉강 안쪽 압력이 낮아지면 기도를 통하여 공기가 허파로 들어오게 된다. 허파는 근육이 없어서 스스로 수축이완을 하지 못하므로 자율신경이 조절하는 가로막과 늑간근肋間筋의 상하운동에 따라 숨을 쉰다.

호흡지간呼吸之間이란 숨 한 번 내쉬고 들이쉬는 사이로 아주 짧은 시간을 이르는 말이다. 들숨 끝에 날숨을 쉬지 못하면 그것이 곧 죽음인 것. 삶과 죽음이 바로 호흡지간에 매였고, 그 문턱을 넘으면 저승인 것이다. 갑작스럽고 아주 짧은 동안을 뜻하는 호흡지간과 비슷한 말로 '순식간瞬息間'과 '별안간瞥眼間'이란 말이 있다. '경각頃刻'이나 '촌각寸刻'보다 더 짧은 시간을 나타낼 때 순식간이란 말을 쓰는데, 순은 눈을 깜빡거리는 것이니 눈을 한 번 감았다가 뜨는 정도의 짧은 시간을 뜻한다. 별안간에서 별은 문득 스쳐 지나듯 보는 것이니, 별안간은 눈 한 번 돌릴 사이의 짧은 시간을 가리키며 '갑자기', '난데없이'란 뜻으로도 쓴다.

갈비에 관한 속담에서 "닭의 갈비 먹을 것 없다"는 말은 형식만 있고 내용이 보잘것없음을 뜻한다. 닭의 갈비뼈를 계륵

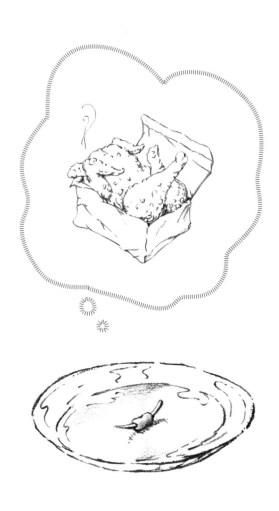

鷄肋이라 하는데, 버리기에는 아깝고 뜯어 먹을 살은 없으니, 크게 쓸 곳은 없으나 버리기는 아까운 것을 빗대는 말이다. 몸이 작고 삐쩍 마른 것에 빗대기도 한다. 계륵은 『후한서後漢書』의 한 이야기에서 나온 고사성어다. 계륵은 전국시대 위魏나라 조조曹操가 명한 암호였다고 한다.

조조가 유비劉備와 한중漢中 땅을 놓고 앙앙불락怏怏不樂 척지고 싸울 때였다. 능수능란한 유비는 후미지고 험악한 지형을 십분 써서 쥐 잡듯 조조의 진격을 틀어막는 한편, 적의 보급을 끊어 버렸다. 이렇게 되자 조조의 군사는 날로 배를 곯아 도통 제대로 싸울 수 없었다.

그러던 어느 날 초주검이 된 조조 앞에 닭갈비가 나왔다. 속은 출출한데 저녁 음식이라고 나온 것이 뜯을 것도 없는 닭갈비였으므로, 토끼 눈을 한 조조는 혼자 쓴웃음을 지으며 깨작거리고 있었다. 이때 하후돈夏侯惇이 들어와서 그날 밤 암호를 무엇으로 하면 좋겠느냐고 물었다. 마침 조조는 닭갈비를 먹던 참이라 무심결에 "계륵, 계륵으로 하게"라고 명했다.

장수인 양수楊修는 암호를 전달받자마자 직속 부하들에게 불문곡직不問曲直하고 짐을 꾸리라고 한다. 이상하게 여긴 장수들이 까닭을 묻자 양수는 의기양양하게 말했다.

"닭갈비는 먹자니 먹을 게 별로 없고, 버리자니 아까운 것이지요. 주군께서 암호로 계륵을 말씀하신 것은 그런 심중을 은근히 내비치신 것이니, 곧 회군 명령을 내리실 게 아니겠소?"

평소 양수의 명석한 두뇌와 재치를 사랑하면서도 한편 시샘을 하던 조조는 양수가 자기 심중을 귀신처럼 꿰뚫자 불같이 노해서, "이놈이 군심을 어지럽혀도 분수가 있지!" 하고 버럭 소리친 뒤 측근에 명하여 양수를 끌어다 단칼에 목을 치게 했다. 그런 다음 날 아침, 권모權謀에 능한 조조는 태연히 철군 명령을 내렸다.

한마디 덧붙이자면, 효자동에 효자 없고 적선동에 적선가 없듯이, 필자가 사는 춘천의 명물인 '춘천 닭갈비'에는 계륵이 없다! 무슨 말인고 하니, 실제로 갈비뼈는 죄 추려 버리고 살코기만 있다는 말이다. 옛날에는 통닭을 마구 토막 내어 뼈째 볶아 먹었으니 계륵이 있었을 터다.

웃는 낮에 침 뱉으랴

침 뱉으면 얼굴에 마른버짐 생긴다고 '침이 마르도록' 엄마가 타일렀던 침이 아닌가. 특별히 아침 침이 좋다 하여 상처나 헌데에 침을 쓱쓱 발랐고, "내 침 발라 꼰 새끼가 제일(노력을 들여 이룩한 성과가 귀중함)"이라고 새끼 꼴 적에도 손바닥에 탁탁 뱉었으며, 산에 올라가 어느 쪽에 솔가리와 삭정이가 많을까 하여 왼손 바닥에 침을 진탕 뱉고는 오른 손가락으로 내리쳐 침이 많이 튄 곳으로 가 지게를 놓았지. 그리고 아주 치사스럽게 생각하거나 사람 같잖은 사람을 더럽게 여기어 멸시할 때 "침 뱉다"고 한다. "누워서 침 뱉기", "하늘 보고 침 뱉기"라고 까마귀가 꽉꽉 울어대면 가던 길 잠시 멈추고는 서둘러 공중에다 대고 퉤, 퉤, 퉤 하고 침을 뱉는다. 침은 귀신도 쫓는다?

침(타액)은 침샘에서 분비되는 소화액으로, 색이 없고 끈적
끈적하다. 우리 몸에서 하루에 보통 1~1.5리터가 분비되고,
산도(pH)는 5.75~7.05며, 음식에 섞여 소화계의 제1관문인 위
로 내려가 위산에 의해 분해된다. 음식을 씹는 동안에 가장
많이 분비하고, 자극이 없으면 좀체 분비되지 않으며, 잠잘
때는 침 흘리기를 멈추니 이렇게 침샘도 기척 없이 맘껏 쉬는
때가 있다. 잠을 잘 때는 몸의 실핏줄도 거의 닫히고, 온종일
한시도 쉬지 못한 근육과 뼈를 두루 한껏 펴고 늘려서 피로를
풀어준다. 참고로 대뇌의 피로 회복에는 75분의 숙면으로도
충분하다 한다.

침샘은 세 곳이 있으니 귀밑샘(耳下腺), 턱밑샘(顎下腺), 혀밑
샘(舌下腺)이며, 모두 양쪽에 한 쌍씩 있다. 귀밑샘은 침샘 가운
데 가장 크며 전체 침의 20~25퍼센트를 만들고, 턱밑샘은 귀
밑샘보다 작지만 침의 70~75퍼센트를 만들며, 혀밑샘은 '메
기 침만큼' 아주 적게 5퍼센트가량 만들지만 소화기 벽을 보호
하고 소화운동을 촉진하는 진득한 점액소인 뮤신mucin을 많이
만든다. 이것들 말고도 입 안에는 800~1000개가 넘는 아주
작은 침샘이 있어 그 또한 뮤신을 주로 만든다.

침에는 녹말을 엿당으로 분해하는 소화효소인 프티알린

ptyalin이라고도 부르는 아밀라아제amylase가 들었다. 하루에 분비되는 아밀라아제는 1.6밀리그램 정도로 60퍼센트가 췌장에서 분비되고, 40퍼센트는 침샘에서 분비된다. 갓난아이는 아직 췌장이 미숙하여 침 리파아제lipase가 나와서 지방 분해를 돕는다. 침은 음식을 쉽게 삼키게 할 뿐더러 입안에 세균이 늘어나는 것을 막으며, 충치를 예방하고, 혈액의 응고를 돕고, 음식을 먹다 볼에 생기는 상처인 스리를 낫게 한다.

침은 99.5퍼센트가 물이고, 나머지 0.5퍼센트에는 전해질, 뮤신, 당단백질, 효소들, 살균·항균물질인 면역글로불린A나 가수분해효소인 라이소자임lysozyme, 활성산소를 없애주는 페록시다아제peroxidase, 사람이나 소의 초유에 많이 든 락토페린lactoferrin이 들어 있다. 그런데 이렇게 침 말고도 땀, 콧물, 눈물, 가래 같은 점액에도 어지간히 침과 비슷한 살균·항균 물질이 들었다. 또 침엔 거스틴gustin이란 호르몬이 있어 미뢰味蕾의 건강에 중요한 몫을 한다고 한다.

사람의 소화 과정을 연구한 러시아의 파블로프Ivan Petrovich Pavlov는 개에게 먹이를 주면서 언제나 종을 울렸다. '종을 치면 음식을 준다'는 것이 개의 대뇌에 기억되니, 곧 조건반사 중추가 대뇌에 형성된 것이다. 여러 번 그렇게 반복한 다음에는 종만 딸랑딸랑 쳐도 개가 침을 줄줄 흘린다. 이것이 '파블

로프의 조건반사(Pavlov's conditioned reflex)' 이론이며 뇌신경계통과 소화계통이 연결되어 있음을 잘 보여주는 연구로서 업적을 인정받아 1904년 노벨생리의학상을 수상하였다. 이런 조건반사에 비해 무조건반사란 특정한 자극에 대해서 대뇌가 관여하지 않아 무의식적으로 반응하는 것을 가리키는데, 동공의 중뇌반사나 무릎의 연수반사 등이 있다.

사람에게 이런 실험을 해도 꼭 같다. 탐스런 귤 그림을 보거나 냄새를 맡거나 이야기만 들어도 침이 흥건히 흐른다. 그러나 귤을 본 적이 없거나 먹어 보지 않았다면 대뇌에 조건반사 중추가 생기지 않아 손에 쥐어 줘도 침을 흘리지 않는다. 얼씨구나! 불고기 소리만 들어도, 굽는 냄새만 맡아도 꽤나 침이 흐르지 않던가?

"침이 마르다"란 다른 사람이나 물건에 대하여 거듭해서 말하는 것을 이른다. 그런데 실제로 침이 딸리는 '침 마름 병'이란 것이 있으니, 침 분비량이 1분마다 0.1밀리리터 이하로 이는 정상적인 분비량의 6분의 1에 못 미치는 양이다. 면역 이상, 스트레스나 긴장이 쌓일 때, 약물 부작용, 기타 여러 가지 질병 탓에 생기는 수가 있다. 침샘에 생기는 병에는 볼거리(유행성이하선염), 타액선염, 결핵, 암 등이 있다. 얼마 전에 국내 한 저명한 작가가 끔찍스런 침샘암으로 안간힘을 다해 투병

하는 이야기를 읽었다. 가위 초인적이라 하겠다. 그런데 옛날부터 입 안에 생긴 상처는 유달리 잘 수그러들고 낫는다고 했다. 실제로 침에는 신경생장인자와 상피생장인자가 있어서 낫는 속도가 피부보다 두 배 빠르다고 한다.

"입술에 침이나 바르지"란 얼굴 표정도 변하지 않고 천연덕스럽게 거짓말을 할 적에, "꿀 먹은 벙어리요, 침 먹은 지네라"란 할 말이 있어도 못 하고 있거나 겁이 나서 기를 펴지 못하고 꼼짝 못하는 사람을 이를 때 쓰고, "침 발라 놓다"란 자기 소유임을 표시하는 것이고, "침 발린 말"이란 겉으로만 꾸며서 듣기 좋게 하는 말이며, "웃는 낯에 침 뱉으랴"란 좋게 대하는 사람에게 나쁘게 대할 수 없음을 이른다. 말도 많고 탈도 많은 사람 몸인데 침샘 하나도 예사롭지 않음을 다시금 느낀다. 주제넘은 말인 줄 알지만, 허구한 날 몸져눕지 않고 무탈하게 멀쩡히 살아 있는 것만도 기적임을 절실히 느낀다. 만일 내가 아흔 살을 산다면 전후반 90분 게임인 '축구 인생'이겠는데, 지금 내 나이 일흔네 살이니 이제 후반전 16분이 남았다. 바쁘다 바빠. 어쨌든 신비스런 내 몸뚱이야, 이렇게 살아 있어 줘서 무척 고맙구나.

알토란 같은 내 새끼

토란*Colocasia esculenta*은 여러해살이풀이지만 우리나라에서는 한 해를 산다. '흙 속의 알'이란 뜻으로 土卵이라 하는데, 서양에서는 '타로*Taro*' 또는 넓적한 잎이 코끼리 귀를 닮았다 하여 '엘리펀트 이어*Elephant ear*'라 부른다. 토란은 꽃식물(종자식물)로 세계적으로 25종이 넘으며, 원산지는 열대 폴리네시아거나 동남아로 추정하며 수천 년 전부터 아시아에서 지천으로 재배해 왔다. 아마도 인류가 가장 일찍 심어 먹기 시작한 식물의 한 종일 것이다. 한국, 일본, 중국, 인도, 대만, 인도네시아, 말레이시아 등지에서 가장 많이 재배하는데 관상용으로 심기도 하지만 주로 식용으로 재배한다.

방패꼴인 잎은 길이 30~50센티미터, 너비 25~30센티미터로 1미터쯤 되는 긴 잎자루 끝에 붙으며, 연꽃처럼 매끈한 것이 물을 담지 않는다(1권의 〈연잎 효과〉 참조). 두 식물의 잎은 군데군데 여남은 개의 굵은 잎맥이 사방으로 죽죽 뻗어 있는 것까지도 닮았다. 오죽하면 토란을 토련土蓮이라 하겠는가. 삼척동자가 봐도 토란잎과 연잎은 서로 많이 빼닮았다.

그러나 토란과 연꽃은 DNA가 아주 딴판이다. 겉으로 보기에는 둘이 같아 보이지만 속을 들여다보면 연꽃은 쌍떡잎식물 미나리아재비목 수련과인데, 토란은 외떡잎식물 천남성목 천남성과다. 속이나 과 단계도 아니고 유전적인 차이가 한참 나는 목이 숫제 다르다. 토란은 꽃이 천생 천남성이 꽃이고, 연꽃은 말 그대로 연꽃이다. 알줄기도 토란은 조직이 단단한 것이 빽빽하며 둥그스름하나, 연근(사실은 줄기)은 길쭉한 것이 푸석한 편이고 안에 공기를 저장하는 구멍이 뻥뻥 뚫렸다. 필자도 이 글을 쓰면서 두 식물의 차이를 알고 나니 묵은 체기가 내려간 듯이 속이 후련하다. 어째 저리 잎사귀가 같은가 하고 궁금했는데 말이지. 사실 글을 쓰면서 새로운 것을 많이 배우고, 그 앎의 재미로 지루하지 않게 끊임없이 끼적거린다.

토란은 알줄기로 번식하며, 고온다습한 곳에서 자라는 식물로서 까딱 잘못하면 냉해나 가뭄해를 입으므로 느지막이 5월 말 무렵에 심고, 가물 때에는 이랑에 짚이나 낙엽을 깔아준

다. 밭에 종구種球를 심어 두면 나중에 널따란 잎이 달린 네댓 개의 굵은 잎자루가 서로 햇빛 싸움하며 금세 울창한 밀림을 이룬다. 여름에 자칫 소나비라도 오는 날에는 토란 줄기를 잘라 우산으로 받쳐 썼다. 늦가을이면 알줄기가 오달지게 달리니 한 포기에 어림잡아 여남은 개가 달린다. 뿌리가 땅을 꽉 물고 놓지 않아 힘에 부치지만 빡세게 캐 보면 커다란 잎자루 아래 굵은 부위가 있다. 이를 '어미 토란(母球)'이라 하며 옛날엔 그것도 먹었다고 하나 요새는 맛이 없어 그냥 버린다. 거기에 겉이 섬유질로 덮인 작은 감자만 하고 타원형인 토란이

주렁주렁 빼곡히 달렸으니 '아들 토란(子球)'이고, 그것에 아주 작은 것이 듬성듬성 붙으니 '손자 토란(孫球)'이다. 좀 별난 식물로, 뒤의 둘을 우리가 먹거나 다음 해 종구로 심는다. 토란도 감자와 마찬가지로 토란 알에 너절한 뿌리가 없다.

그런데 알줄기와 비늘줄기는 겉으로 보아 구별이 어렵다. 쉽게 말해서 칼로 잘라 보아 속살이 야물고 단단하면 알줄기고, 다육질 비늘로 빽빽하게 층층을 이루면 비늘줄기다. 알줄기는 줄기가 변한 것으로 토란, 감자, 글라디올러스 등이 여기에 들며, 비늘줄기는 잎이 변한 것으로 백합, 파, 양파, 튤립, 수선화 등이 있다.

토란 줄기나 알토란은 독성이 있어서 맨손으로 다듬으면 손에 거무끄름한 물이 들어 지저분해지며 사람에 따라서는 끓여 익힌 육개장, 토란국이나 데치거나 볶은 나물이라도 입술, 입, 목구멍을 얼얼하고 싸하게 하고 심하면 아리고 부르트게 한다. 그러나 열과 산에 분해되므로 삶고 찌거나 식초에 담그면 독성이 사라지는데, 아린 맛은 현미경적인 바늘결정인 옥살산칼슘과 단백질 분해효소 탓이라 한다. 실은 그들 몸에 독성을 지녀서 다른 동물에 먹히지 않겠다는 심사다. 토란은 알칼리 식품으로, 진득진득 끈적거리는 뮤신이 소화를 돕고 변비를 치료하고 예방한다.

토란 줄기(실은 잎자루)를 말리는 일은 해마다 지금껏 늦가을이면 글방에서 줄곧 하는 짓이지만 예삿일이 아니다. 곧게 죽죽 뻗은 토란 줄기를 잘라 와서 겉껍질이 잘 벗겨지도록 며칠 그늘에 묵혀 둔다. 겉껍질이 단단하게 질겨지면 칼로 꼼꼼히 벗겨 토막 내고 짜개서 가을볕에 널어 바싹 빼빼 말린다. 갈무리해 뒀다가 졸깃졸깃 씹히는 묵나물로 먹거나 시원한 육개장을 설설 끓인다. 우리 동네에서는 들깻가루를 듬뿍 넣어 토란국을 끓이는데, 전라도 지방에선 철분이 풍부한 여린 잎을 쪄서 쌈을 해 먹는다 하며, 유달리 서울과 경기 지역에서는 추석 명절에 토란국을 끓인다. 동남아시아에서는 잎사귀를 코코넛 우유와 함께 삶아 먹는다고 한다.

'알토란'이란 갈색의 너저분한 섬유성 껍데기를 깔끔하게 홀랑 벗겨내고 깨끗하게 다듬어 동글동글 몽실몽실한 알찬 토란을 말하는데, 여럿 가운데 가장 중요하고 훌륭한 물건 또는 튼튼하고 속이 꽉 참을 뜻한다. "그 땅은 알토란 같다", "그는 좋은 회사에 취직해 지금은 알토란처럼 오붓하게 잘 지낸다" 식으로 쓴다. "알토란 같은 내 새끼"란 "금쪽같은 내 새끼"와 통하는 말이다. 눈에 넣어도 하나도 아프지 않은 어린 자식 말이다.

혀 밑에 도끼 들었다

"세 치 혀를 조심하라", "세 치 혀가 사람 잡는다"고 짧은 혀를 잘못 놀리면 사람을 죽게 하는 수가 있다는 뜻으로, 가벼운 입놀림을 조심하라는 경구렷다. 한 치가 3.03센티미터쯤이니 세 치면 9.09센티미터쯤으로 실제 혀 길이 10센티미터에 맞먹는다. 옛 어른들은 혀 길이를 정확하게 재고 한 말이다. 한데 모름지기 한번 뱉어버린 말은 엎지른 물처럼 주워 담을 수가 없기에 중요한 말을 하기 전에 삼사일언三思一言을 하라는 것이다. 설저유부舌底有斧라 "혀 밑에 도끼가 들었다"고 하니 제가 한 말에 화를 입게 될 수도 있다는 말이며, "혀 밑에 죽을 말 있다"라고도 한다.

혀는 입안에 있는 근육 덩어리로 안에서 움직이는 혀는 전체 혀의 3분의 2 정도가 된다. 이것은 네 개의 해부학적인 영역인 혀끝, 혀 모서리, 혀 등, 혀 아래로 구분된다. 사람 혀는 여덟 개의 근육으로 되어 있으며, 바깥 근육과 속 근육이 각각 네 개씩이다. 전자는 혀를 쏙 내밀거나 집어넣거나 양쪽으로 움직이고, 후자는 혀를 말거나 펴는 등 모양을 결정한다. "혀가 꼬부라지다", "혀를 깨물다", "혀를 내두르다", "혀를 내밀다", "혀를 차다"는 모두 이 여덟 근육의 까다로운 조화로 일어난다.

"입의 혀 같다"란 말이 있으니 이는 나름대로 서로 마음이 잘 맞아서 조금도 부딪침이 없는 경우나 상대의 마음을 잘 읽어서 전연 불편하지 않을 때를 이르는 말이다. 농반이지만, 집사람이 허리 수술을 한 뒤에는 내가 입의 혀같이 모시며 아내가 하자는 대로 해준다. 또 혀는 감정 표현까지 맡고 있어서 놀랍거나 무안하거나 겸연쩍을 적에 삐죽 내밀며, 남을 놀릴 때도 혀를 날름 내미는 수가 있다. 필자가 요새 들어 자주 겪는 일인데, 어떤 사실을 알고 있기는 하지만 혀끝에서 뱅뱅 돌기만 할 뿐 말로 표현되지 않을 때가 있다. 이를 설단현상舌端現象이라 한다지.

혀의 구실은 크게 세 가지다. 첫째는 음식을 아작아작 씹고, 음식과 침을 고루고루 섞어주며, 씹은 음식을 꿀꺽 삼키게 한다. 자, 혀를 움직이지 않고 침을 한번 넘겨 보라. 넘어 갔나요? 둘째는 혀의 미뢰味蕾에서 맛을 느끼는데, 높이 약 80 마이크로미터, 너비 약 40마이크로미터인 미뢰는 혀에 다닥다닥 바특하게 돋아 있는 유두乳頭라는 돌기들에 1만 개가 넘게 끼여 있다. 미뢰 하나에는 미세포가 20~30개쯤 들어 있고, 그 아래에는 미각신경이 퍼져 있다. 침과 섞인 수용액 상태의 맛 물질이 미각신경을 자극해 대뇌에서 느끼게 된다. 혓바닥 말고도 입천장, 뺨의 안쪽 벽, 인두, 후두, 잇몸에도 미뢰가 있어서 맛을 느낀다. 특히 어린아이는 목구멍까지 미뢰가 들어 있어 어른보다 더 민감하고 여러 맛을 느낄 수 있다 한다. 셋째는 발음이다. 그렇다. 혀가 없으면 말을 못한다. 혀를 그대로 두고 말을 한번 해보라. 입 안에서 공명을 일으켜 소리를 만드니, 혀가 짧으면 혀짤배기소리를 낸다. "혀가 짧아도 침은 길게 뱉는다"란 제 분수에 비하여 지나치게 있는 체함을 이른다지.

미각은 기본적으로 네 가지인데 이것들이 이리저리 섞여 여러 맛을 만드니, 삼원색이 여러 색깔을 만드는 것과 같다. 혀 끝은 꿀 단맛, 혀뿌리는 소태 쓴맛, 양쪽 가장자리는 초 신맛, 가운데는 소금 짠맛을 본다고 하는 1901년 보링Edwin G. Boring이 발표한 맛 지도는 잘못 가르치고 알아 온 오해라 한다. 1974

년에 콜링스Virginia Collings가 "모든 맛은 혀의 모든 부위가 느끼는 것이며, 그 느낌의 민감도가 부위에 따라 조금 다를 뿐이다"라고 발칵 뒤집어 발표했고, 지금은 학자들이 콜링스 것을 수긍하고 있는 처지다.

일본 말로 '맛나는'이란 뜻을 가진 우마미umami를 다섯 번째 맛으로 친다. 치즈나 간장 같은 발효식품에서 나는 맛이요, 토마토나 곡식이나 콩에서 나는 향긋한 냄새나 고기 냄새 같은 맛인데 이것이 식욕을 느끼게 한다. 우마미는 서양학자들도 동의하기에 이르렀지만 아직도 연구가 진행되고 있다. 그런데 알다시피 떫은맛과 매운맛은 맛이 아니다. 떫은맛은 오로지 피부감각인 누름감각(압각)에 속하고, 매운맛도 역시 다만 통각과 온각이 복합된 피부감각에 속한다. 매우 시큼한 식초나 달콤한 설탕물을 손등에 바르는 것과 고춧가루를 문지르는 것의 차이를 생각해보면 이해가 될 터. 어쨌거나 썩은 음식, 독이 든 먹을거리를 꼬치꼬치 가리지 못하고 막 먹어댔다면 어떻게 되겠는가? 혀는 그런 점에서 우리의 생명을 담보하고 있다.

혀를 통해 역치閾値를 쉽게 설명할 수 있다. 그릇 여러 개에 같은 양의 물을 부어 설탕을 조금씩 늘려 녹이고, 차례대로 단맛을 본다. 아주 적게 넣은 것에서는 덤덤하게 감미를 느끼지 못하다가 어느 농도부터 가까스로 단맛을 느낀다. 즉 어떤 반응을 일으키는 데 필요한 최소한의 자극의 세기를 역치라 한다. 단것을 먹은 다음에는 단맛을 더 높여야 그 맛을 느끼는 것은 역치값이 올라간 탓이다. 도시 사람들은 소음에 대한 역치가 높고, 인스턴트 같은 즉석식품을 많이 먹은 사람들은 단맛과 짠맛에 대한 역치가 높으며, 재미나는 이야기도 자꾸 듣다 보면 기대가 커져 여간 재미난 것이 아니면 귀에 들리지 않고, '혀가 닳도록', '혀에 굳은살이 박이도록' 하는 엄마의 잔소리도 자주 듣다 보면 면역이 되어 예사로 들린다. 우리도 좀 살게 되면서 행복의 역치값도 다락같이 올라가 여간해선 행복감을 느끼지 못하니 탈이다. 혀는 오관 가운데 두드러지게 고집불통이라, 늙어서도 어릴 적에 먹던 인 박인 먹을거리를 먹고 싶어 안달하고, 외국에 살면서도 아랑곳하지 않고 마냥 고향 음식을 그린다. 며칠 다녀오는 여행 가방에 김치, 고추장은 뭐며 김, 라면은 또 웬 말인가.

세상 뜸부기는 다 네 뜸부기냐

뜸부기는 1970년 전에는 논이나 습지에 흔하던 여름철새였다. 한국 농촌의 대표적인 새였으며, 그만큼 정서적으로 우리에게 무척 친근한 단골손님이었다. 어릴 적 이골나게 부르던 「오빠 생각」이라는 노래 가사에서도 알 수 있듯이, 옛날 옛적엔 뜸부기가 우리 주위에 정말 흔했다. 그러나 이제는 만나기 어렵게 되었다. 그 까닭은 인구가 늘고 산업화가 되면서 서식지가 망가지거나 사라진 탓도 있으나, 무엇보다 정력에 좋다는 헛소문에 크게 희생된 탓이다. 얼토당토않게 몸에 좋다는 이야기가 슬금슬금 들불처럼 번지면 남아나는 것이 없으니 심지어 까마귀도 그렇게 수난을 당하지 않았던가. 무턱대고 공짜라면, 또 정력에 좋다면 양잿물도 먹는 사람들이다. 때마침 다

행스럽게도 비아그라가 생겨나 사람들이 야생동물을 요절내는 짓이 시들해지고, 한풀 수그러들었다고는 하지만 어리석고 싸가지 없는 이들의 유전형질에 흐르는 그 피는 못 속여 아직도 암암리에 그 짓을 한다. 벌금을 세게 매겼는데도 아랑곳 않고 말이지.

간신히 몇 마리가 살아남아 2005년에 천연기념물 제446호로 지정되었으나, 자칫 멸종될 기미가 보인다 하여 2012년에 멸종위기 야생동식물 2급으로 지정하였다. 오호통재라, 하늘이 무너지고 땅이 꺼질 일이로다. 생각할수록 안쓰러워서 화가 치민다. 정녕 이러다가 억세고 드센 참새, 까치 빼고는 죄다 보호종이 되는 게 아닐까?

물새는 크게 둘로 나뉘니, 고니같이 발에 달린 물갈퀴로 헤엄치는 수금류水禽類와 뜸부기처럼 긴 다리로 얕은 물에서 돌아다니며 물가에서 사는 섭금류涉禽類다. 보통 여름에 우리나라에서 지내면서 알 놓고 새끼를 치는 여름철새는 거의 숲에 날아드는 숲새고, 겨울물새는 오직 추위만 피해 가는 것들인데 뜸부기나 백로는 물새이면서도 여름나기를 한국에서 한다. 뜸부기는 주로 인도네시아, 베트남, 필리핀, 태국 등 동남아시아에서 겨울을 난다. 여름철에 중국, 한국 등지에 날아오는데 요즘에 천수만, 안산 갈대 습지, 낙동강 하구 등지에 나타나고 있다.

두루미목 뜸부깃과 새는 세계적으로 130종이 넘는다. 우리 나라에는 뜸부기, 쇠뜸부기, 물닭, 쇠물닭, 쇠뜸부기사촌 등 이 알려져 있다. 일찍이 서양에서는 뜸부기*Gallicrex cinerea*가 닭을 닮았다 하여 '워터콕Water cock'이라 이름 붙였으니 알고 보면 둘 은 꽤 비슷하다. 뜸닭, 듬복이, 듬북이라고도 하는데, 수컷은 '뜸북뜸북 뜸 뜸 뜸' 하고 높은 소리를 내며 운다. 몸길이는 수 컷이 약 38센티미터, 암컷이 약 33센티미터다. 수컷은 부리, 볏, 다리를 빼고 온몸이 잿빛이다. 부리는 노랗고, 이마에서 머리 꼭대기까지 위로 솟은 새빨간 이마판(액판)이 있으며, 다 리는 황록색에 가깝고, 눈은 새까맣다. 암컷은 수컷보다 조금 작고 이마판이 없으며, 몸 깃털은 연한 갈색이고, 부리는 노랗고, 다리는 누런빛을 띤 초록색이며, 눈은 갈 색이다. 암수 모두 날개와 꼬리는 짧으며 다리와 발톱이 아주 길다.

암수가 형태, 크기, 색깔, 행동 등 겉으로 보이는 표현형이 다른 것을 '성적 이형(Sexual dimorphism)'이라 한다. 사람은 남자가 우람하며 잘 생겼고, 꿩이나 원앙은 수놈이 품이 크고 색깔이 산뜻하게 곱고, 공작은 수놈이 넓고 큰 꼬리를 가지며, 거미는 암컷이 수컷보다 수십 배나 크고, 나방이나 반딧불이의 암컷은 숫제 날개가 없어서 암수가 완전히 다른 종으로 보인다. 1871년에 찰스 다윈은 크고 예쁘게 치장하여 서로 꾀고 끄는 것은 물론이고, 끼리끼리 경쟁하여 이긴 쪽이 상대를 차지하는 진화 현상을 '성 선택(Sexual selection)'이라 하였다. 절지동물을 포함하는 무척추동물, 어류, 양서류, 파충류는 암컷이 더 크고, 조류와 포유류는 새끼를 돌보는 수컷이 더 큰 것도 적응과 생존에 유리한 진화 결과로 해석한다.

   뜸부기는 보통 숨어 사는 은둔형으로 이른 아침이나 해거름에 논과 둑을 오가며 생활하지만 낮에는 습지, 물가의 숲이나 주변 덤불에서 지낸다. 몸 옆면이 납작하여 갈대밭이나 풀숲 사이를 용케 들락거리거나 살살 빠져 다니기에 알맞다. 동남아시아까지 먼 거리를 넘나들지만 논틀밭틀에서는 오로지 침입자가 있을 때를 빼고는 잘 날지 않는다. 곤충이나 물달팽이 등의 수생동물이나 벼, 풀, 수초 씨앗 같은 식물성 먹이를 먹으며, 부리 끝으로 진흙이나 얕은 논바닥을 끼적끼적 뒤적거려 먹이를 잡거나 눈으로 보고 잡아먹기도 한다. 6~9월에 갈대나 왕골이 무성한 풀숲에다 잎줄기를 모아 지름 30센티미터쯤 되는 접시 모양으로 쌓아 올려 둥지를 짓고, 한배에 옅은 갈색 무늬가 있는 알을 3~6개 낳는다.

"세상 뜸부기는 다 네 뜸부기냐"란 덮어놓고 다 제 것인 양 우기는 사람을 비꼬는 말이고, "세상에 뜸부기가 한 마리뿐인가" 하면 이번에는 놓쳤으나 앞으로 또 기회가 있음을 비유한 말이다. "하지 전 뜸부기"란 뜸부기는 하지 전에 잡은 것이 약효가 높다는 데서 힘이 왕성한 한창때의 사람을 이르는 말이고, "하지 지낸 뜸부기"란 한창때가 지나 버린 사람을 말한다. 뜸부기나 사람이나 다 오롯이 시가 있고 때가 있다. 결코 아침은 두 번 오지 않고 젊음은 거듭 오지 않는다. 아깝고 귀한 젊은 청춘을 헛되이 보내지 말라.

하루 일하지 않으면
하루 먹지 말라

사람의 위胃를 '밥통'이라고도 하는데, "밥통이 떨어지다", "밥줄이 끊어지다" 하면 일자리를 잃게 되는 것을 말하며, 북한에서는 "밥 바가지가 떨어지다"라고 한다. 밥통과 밥줄(식도)은 서로 한통속으로, 둘 다 중요한 소화기관임엔 틀림이 없다. 위를 속되게 이를 때 밥통이라고 하고, 밥값을 제대로 못하는 사람을 '밥통', '밥벌레'라 한다. 필자가 아주 좋아하는 말이 "하루 일하지 않으면 하루 먹지 말라(一日不作 一日不食)"는 말이다. 참 맞는 말이다. 닭의 위는 '똥집'이라고 하는데, 사람한테는 '큰창자'나 '몸무게'를 속되게 이르는 말이기도 하다. 음식에서 소의 위는 양胖이라 한다. 오랜만에 외가에 갔을 적에 외조모께서 "야야, 더 먹어라. 양껏 먹어라. 그것 먹고 양이

차겠느냐?"라고 하셨는데, 이때의 '양'은 분명 양量이 아니고 위를 말하는 양이리라.

위는 식도와 작은창자 사이에 있다. 몸통 앞면 정중선에서 가슴과 배의 경계에 있는 우묵한 곳에 자리한다. 위와 식도 사이를 잡아 묶는 하부식도괄약근과 위와 십이지장을 죄는 유문괄약근이라는 게 있어서 위에 음식이 들어가면 갇히고 만다. 위는 단백질 분해효소 펩신pepsin과 강한 염산을 분비하는데, 강산은 음식에 묻어든 모든 병원균을 죽일뿐더러 효소를 활발하게 한다. 자율신경은 모든 소화관을 지배하고 조절하는데, 위에도 소화액을 분비하거나 혈관과 신경활동을 억제하는 교감신경과 그 기능을 활발하게 하는 부교감신경이 뻗쳐 있다. 자율신경은 위액의 분비를 촉진하는 호르몬 가스트린gastrin에도 영향을 끼친다. 그리고 위는 단백질 소화와 화학적 소화는 물론이고 물, 아미노산, 에탄올, 카페인, 아스피린 같은 약물도 흡수한다. 스트레스에 민감한 것이 위장인데, 사람이 여러 원인으로 긴장하면 교감신경을 자극하게 되므로 가능한 교감신경을 자극하지 않도록 마음의 안정을 찾는 것이 위 건강에 좋다. 다리에 근육경련인 쥐가 나듯이 위에 쥐가 난 듯한 극통이 바로 위경련이라 한다. 모름지기 위장을 편하게 해줄 것이다.

위는 비었을 때는 쪼그라들어서 안에 주름이 많이 져 있으나 음식물로 한가득 차면 활짝 펴진다. 오그라들고 늘어나는 힘이 아주 강한 근육이라 보통 사람이 배부르게 먹을 경우 1.5리터 넘게 저장하니 꽤나 많은 양이다. 한 되(1.8리터)짜리 주전자를 생각하면 쉽게 짐작할 수 있을 것이다. 그러나 위는 단순한 음식 저장 기관이 아니다. 입에서 굵직하게 잘리고 듬성하게 갈아져 목구멍을 넘어가 식도를 지나 위 앞문인 들목(분문)으로 들어간다. 목구멍과 식도 또한 서로 잘 통하는 비슷한 과다. 배부르게 먹을 때 "목구멍의 때를 벗기다"라 하고, 살림이 구차해서 며칠씩 끼니를 못 때울 때 "목구멍에 거미줄 쓴다" 하며, 먹고살기 위하여 해서는 안 될 짓까지 하지 않을 수 없음을 일러 "목구멍이 포도청"이라 한다.

근육 덩어리인 위는 연동운동으로 15~20초에 위에서 아래로 한 번씩 움직여 음식을 위액과 섞으면서, 먹이 입자가 1밀리미터 이하로 묽은 죽이 될 때까지 잘게 계속 으깨는 물리적 소화를 한다. 음식의 양이나 종류에 따라서 40분에서 수 시간에 걸쳐 연동운동을 하고 나면 유문반사가 일어나 음식물을 십이지장으로 내려보낸다(입으로 꼭꼭 씹으면 머무는 시간이 짧고, 위에 부담도 줄어듦). 단번에 모두 작은창자로 쏟아붓지 않고 날목인 유문을 닫았다 열었다 하면서 음식을 천천히 내려보내기에 이를 유문반사라 한다. 이때 트림으로 빠져나가지 않은 공기도 함께 내려가서 배속에서 꼬르륵꼬르륵 하고 공기의 진동음을 낸다.

아무리 깨끗한 음식이라도 거기에는 세균, 곰팡이, 바이러스가 함께 묻어든다. 위액은 강한 산성(pH 1~2의 염산)으로 위에 들어온 여러 잡균을 죽이는 살균 작용을 한다. 이 염산(HCl)으로 타일 바닥도 깨끗하게 청소할 수 있다고 한다. 혹시 속이 더부룩하고 목에서 신물이 올라오는 것을 경험해 보았는가? 그때 속에서 올라오는 신물에 목이 화끈거리고 코가 시큰하지 않던가? 심하면 습관적으로 그 짓을 해대니 그게 바로 식도역류다. 신물이 나는 것은 다름 아닌 염산 때문인데, 어찌 그런 강산에도 위벽은 끄떡없는 것일까? 위벽도 단백질이 아닌가? 그렇다. 뮤신이라는 점액성 단백질이 위벽을 두텁게 싸고 있어서 다른 자극성 물질을 중화해버린다. 그 독한 술이나 매운 고춧가루에도 끄떡 않는 것은 이 뮤신이 보호막을 치고 있기 때문이다.

어찌하다가 위벽에 염증이 생기면 위염이고, 더 심하면 주변이 헐어 자빠지니 이것이 위궤양이다. 건강할 때는 뮤신이 위벽을 잘 보호하지만 더부살이하는 헬리코박터Helicobacter pylori 세균이 독성물질을 분비하여 뮤신 막을 망가뜨리면 위가 염산이나 효소의 공격을 받게 된다. 대단히 검질긴 세균 놈을 보았도다! 그 센 위액에도 끄떡하지 않는다니 말이다. 염산으로 인해 위벽이 헐거나 탈이 나서 쓰리고 아플 때는 제산제를 먹으면 증상을 누그러뜨릴 수 있다. 다행히 위벽 상피上皮는 두 주마다 새살로 차기에 상처가 낫는다.

밥통도 참고 산다! 그러나 사흘 굶어 도둑질하지 않는 사람 없고, 배가 고프면 화가 난다. 명예를 더럽히고 욕되게 하는 것이 오욕 아닌가. 내시경을 해본 사람은 알 것이다. 짙은 연분홍색을 띤 주름진 위장 벽이 얼마나 야들야들하고 보드랍고 매끈한 것이 깨끗해 보이던가. 그런데 그 밥통에 매운 고추장은 물론이요, 독주, 뜨거운 국물, 톡 쏘는 고추냉이 넣은 비빔밥, 불고기, 냉면, 오만 잡것으로 한가득 채우니 그야말로 죽을 맛일 터! 넘치는 것은 모자람만 못하다 했는데, 이것이 오욕이 아니고 뭐란 말인가. 그래도 위는 있는 힘을 다해 참고 소화하느라 죽을힘을 다한다. 주인 잘못 만난 내 양, 고통과 욕됨을 참고 이겨내는 고마운 내 밥통이다.

첨병, 몸을 날리는 첫 펭귄

펭귄은 기우뚱기우뚱 지게걸음하며 먹이를 찾아 무리 지어 얼음 바다로 뛰어든다. 바닷속에는 크릴, 물고기, 오징어 같은 먹잇감도 있지만 위험천만한 물개나 바다표범 같은 목숨앗이들이 있는 것을 잘 안다. 그런 탓에 잠수 바로 전에 너나 할 것 없이 모두 주눅 들어 딸막거리며 주춤한다. 그러다가 재우치는 자 없어도 무리에서 용감한 한 녀석이 "에라, 모르겠다" 하고 먼저 나서서 첨벙 몸을 날린다. 순간 머뭇거리고 있던 딴 펭귄들도 일제히 뒤를 따라 단숨에 뛰어든다. 이때 제일 먼저 행동한 펭귄을 '첫 펭귄(The first penguin)' 또는 '선도자(The first mover)'라 부르며, 이는 '과감하게 실행하는 사람'을 뜻하기도 한다. 그리고 잽싸게 뒤를 따르는 사람을 '빠르게 쫓는

이(Fast follower)'라 이르니, 업계에서 1등 업체를 신속히 뒤따르는 2등 업체를 뜻한다.

펭귄은 펭귄과의 날지 못하는 바닷새로, 지역에 따라 매우 다양하여서 학자에 따라서는 펭귄을 17~20종으로 나눈다. 새들 가운데 바다와 극한에 잘 적응하였다. 땅에선 곧추서서 불안하고 느리게 걷지만 물속에서는 자유자재로 움직이며, 일생의 반은 땅에서 나머지 반은 물속에서 지낸다. 갈라파고스 제도, 남아메리카, 남아프리카, 오스트레일리아, 남극에 퍼져 있으며, 대부분 남극에서 살지만 온대 지역은 물론 갈라파고스펭귄처럼 적도 근처에서도 산다.

추운 날에는 여러 마리가 떼 지어 다닥다닥 서로 달라붙어 체온을 유지하는데, 교대로 안팎의 자리를 바꾼다. 생식기에만 짝을 찾으며, 알은 어미 몸무게에 비해 아주 작은 편이라 황제펭귄의 알은 몸무게의 2.3퍼센트인 450그램에 지나지 않으며, 알껍데기는 아주 두꺼워 알 무게의 16퍼센트를 차지한다. 펭귄은 바닷물을 그냥 마실 수도 있는데, 눈가 소금샘에서 핏속 소금기를 제때 모아 버리기 때문이다. 사람을 무서워하지는 않지만 3미터보다 가까워지면 신경을 곤두세운다. 하여 이 거리는 관광객이 지켜야 하는 불문율이다. 땅에서는 꼬리와 날개로 몸의 균형을 겨우 잡으며 발로 뒤뚱거리지만 눈

밭에서는 배 바닥을 대고 쓱쓱 미끄럼을 타 힘을 아낀다.

앞날개가 헤엄치기에 알맞게 지느러미 꼴로 변했으니 그것이 지느러미발(Flipper)인데, 바다표범, 거북, 고래도 지느러미 발이 있다. 잠수나 수영 때 신는 물갈퀴도 플리퍼라 부른다. 두터운 깃털 안에는 공기층이 들어 있어 부력을 높여줄 뿐 아니라 찬물에서 절연체 역할을 하여 체온을 보전한다. 육식을 하며, 위에 잔돌이 많이 들어 있어 몸이 물속에서 쉽게 가라 앉으며, 다른 새와 달리 뼈에 공기가 들어 있지 않아 잠수하기에 좋다. 황제펭귄은 위에 잔돌이 4.5킬로그램 정도 들어 있다고 한다.

가장 큰 종은 황제펭귄으로 어른은 키가 평균 1.1미터에 몸 무게는 35킬로그램이 넘는다. 가장 몸이 작은 종은 쇠푸른펭 귄으로 키 40센티미터에 몸무게가 1킬로그램에 지나지 않는 다. 추운 곳일수록 몸집이 크고 따뜻한 곳에 사는 것은 덩치 가 작으니, 항온동물인 조류와 포유류는 추운 곳에 살수록 일 반적으로 몸집이 크다는 '베르크만의 법칙(Bergmann's rule)'이 맞 아 떨어진다. 황제펭귄은 최고 565미터 깊이까지 들어가 22분 까지 버틸 수 있다고 한다.

그런데 영하 40~50℃의 얼음판 위에서 꼼짝 않고 알을 품 고 있는 갸륵한 아비의 발은 얼마나 시릴까? 그 발바닥이 얼지 않는 것은 이 책에 나오는 〈언 발에 오줌 누기〉에서 괴망 설명을 상세하게 했으니 참고할 것이다. 펭귄은 보통 한 번에 알을 한두 개 낳으며, 알 하나만 품는 것도 있지만 두 개를 안 는 놈도 있다. 암컷은 알을 낳고는 먹이를 찾아 가버리고, 수 컷 혼자 도맡아 2~4개월 동안 배고픔을 참으며 밤낮으로 발 등에 알을 올려놓고 품고 버티느라 몸무게가 무려 40퍼센트나 준다고 한다. 모진 고생을 기꺼이 받아들인 끈덕진 아비가 여 위어 말라깽이가 된다. 알을 깨고 새끼가 나오면 수컷은 그동 안 위 속에 간직했던 물고기를 단번에 토해 새끼에게 먹인다. 그러고 나면 드디어 임무 교대가 이루어진다! 때맞춰 돌아온 어미가 그때부터 새끼를 보살핀다. 아, 아비 되기가 이렇게 어려워서야……. 우리에게 한 수 가르치는 펭귄 아비다!

생명체는 종족번식을 통해 죽음을 극복한다. 해마 암컷은 수놈 배에 있는 육아주머니에 자그마치 수백 개의 알을 낳고 는 광속으로 내빼니, 다시 알을 배기 위해 한껏 새우 잡아먹 기에 나서는 것이다. 2주 뒤면 새끼들이 나가고 다시 어미가 알을 낳는다. 아버지는 아이 키우는 기계다. 해마는 행동이 굼떠서 다른 물고기에게 거의 다 잡아먹히기에 이렇게 모질게 날밤을 새워 끊임없이 새끼치기를 하지 않으면 종족보존이 어 렵다. 마찬가지로 얼음 구덕에서 고농도의 에너지가 드는 알

을 힘들여 낳고 지친 펭귄 어미는 알을 수컷에게 맡기고 먹이
를 찾아 나선다. 힘을 채우고 모아야 하는 암놈을 나무랄 일이
못 된다. 펭귄들은 새끼 수천 마리를 함께 기르는데, 이때를
놓치지 않고 줄곧 도둑갈매기가 공격해온다. 그러나 청각이 발
달한 펭귄은 집단 속에서 제 새끼 소리를 용케도 알아챈다.

펭귄은 등과 날개는 검고 배는 희디희다. 하늘에서 태양이 비치면 물 위는 빛이 밝게 반사되지만 아래는 짙은 그늘을 드리운다. 그래서 포식자가 위에서 내려다보면 검은 등짝이, 또 아래서 올려다보면 흰 배가 주변의 색과 비슷해져 눈에 잘 띄지 않는다. 이렇게 몸체가 햇빛에 드러난 쪽은 어두운 색, 그늘지는 배는 밝은 색이 되는 현상을 방어피음(防禦被陰, Countershading)이라 하는데, 곧 어두운 그림자를 지워 몸을 안 보이게 하는 것이다. 여러 동물에게서 볼 수 있는 위장의 하나로 주위 환경과 비슷하게 치장하여 상대를 혼란스럽게 한다. 포식자는 자기를 은밀히 숨겨 덥석 한달음에 먹잇감에 다가가려 하고, 피식자는 들키지 않으려는 것이다. 이런 '그늘 지우기'를 '테이어의 법칙(Thayer's law)'이라고 하는데, 등이 짙은 색이라 자외선을 막는 역할도 한다. 펭귄의 산뜻한 배색이 놀랍게도 그래, 그런 거였군! 펭귄 말고도 고등어, 물새, 상어, 돌고래, 바다표범도 마찬가지로 등은 검고 배는 희다. 그런가 하면 심해의 물고기나 오징어처럼 발광하여 몸빛을 주변과 비슷하게 하는 위장을 반대조명(Counter-illumination)이라고 한다.

잠자리 날개 같다

잠자리는 잠자릿과 곤충으로 애벌레는 물에 살고 어른벌레는 공중을 난다. 이런 수생곤충에는 애벌레와 어른벌레가 다 같이 평생 물에서 사는 물장군, 물방개, 게아재비, 물자라 등이 있는가 하면, 애벌레 때는 물속에서 살다가 어른벌레가 되면 땅 위(공중)로 올라오는 잠자리, 모기, 반딧불이, 하루살이, 강도래, 날도래 등이 있다. 아무렴 후자는 애벌레와 어른벌레가 먹이와 공간을 두고 벌이는 종내경쟁을 피해갈 수 있어 유리한 생존방식이라 하겠다. 같은 종끼리 먹을거리와 삶터를 놓고 다투고 해치는 동족상잔同族相殘을 하는 것을 '종내경쟁'이라 하고, 다른 종과 겨루는 것을 '종간경쟁'이라 한다. 새끼 배추벌레는 배춧잎을, 어미 배추나비는 꿀을 빨아 먹어 어미와 새끼가 삶터와 양식거리를 달리하여 경쟁을 피한다. 잠자리는 둘 다 육식을 하면서도 다행히 어미는 땅에 살고 애벌레는 물속에 살아 사는 장소가 겹치지 않는다. 어쨌거나 이런 일은 묘한 생물계의 한구석이라 하겠다.

귀티 나는 잠자리를 청령蜻蛉, 청낭자蜻娘子, 청정蜻蜓이라고도 부르며, 영어로는 '드래건플라이Dragonfly'인데 이것을 우리말로 풀이하면 우습게도 정치 깡패 두목을 일컫는 '용파리'가 된다. 머리, 가슴, 배에서 속이 빈 배가 유달리 길고 열 마디가 뚜렷하며 늘였다 줄였다 할 수 있다. 더듬이는 작달막하고, 날씬하게 맵시 나는 머리에는 구슬 꼴을 한 두 개의 큰 겹눈이 우뚝 도드라져 있고, 그 사이에 보일 듯 말 듯한 작은 홑눈이 세 개 붙어 있다. 부릅뜬 겹눈은 10,000~28,000개 남짓한 낱눈이 옹기종기 모여 이루어지는데, 낱눈 하나하나에 물체의 모양이 맺히며, 일직선으로 들어오는 상像만 가까스로 시신경에 전달된다. 잠자리는 이 둥그스름한 왕 눈으로 사방 6미터 안에 있는 물체는 또렷이 감지하며, 움직이는 물체는 20미터 떨어진 것도 이 잡듯 놓치지 않고 엿볼 수 있다. 녀석, 눈도 밝구나! 한데 "잠자리 눈곱"이란 말이 있으니 이는 극히 적은 분량을 에둘러 이르는 말이다.

잠자리는 날개를 두 쌍 달고 있다. 날개는 그물처럼 얽힌 날개맥(시맥)과 투명하고 청결한 얇은 막으로 덮였다. 엄청 가벼운데 모시처럼 속이 비칠 만큼 썩 얇고 고운 것을 "잠자리 날개 같다" 한다. 또 잘 차려입은 여자의 모습을 이를 때는 "잠자리 나는 듯"이라 표현한다. 어떤 시인은 잠자리 날개를 아기 입술과 갓 깬 참새 새끼 주둥이에 비유하더라. 잠자리 무리는 뒷날개가 앞날개보다 조금 크고 넓어 이시목異翅目이라 부른다. 잠자리는 나비가 그렇듯이 쉴 때 어김없이 늘 두 날개를 포개 몸통에 수직이 되게 오그리는 성질이 있다. 나방은 두 날개를 몸통과 평행하게 활짝 편다.

잠자리는 야전부대 출신이다. 해 지면 들판에서 풍찬노숙風餐露宿하고, 아침이면 이슬 맞은 날개를 털고는 부산스럽게 온데를 휘젓고 쏘대면서 사냥에 바쁘다. 헬리콥터(Helicopter, '나선형'이란 뜻의 heliko와 '날개'라는 뜻의 pteron의 합성어)를 '잠자리비행기'라 부르는데, 꽤나 잠자리의 특징을 잘 따서 붙였다 하겠다. 잠자리는 앞뒤, 위아래, 양옆 할 것 없이 자유자재로 먹잇감을 가늠하여 방향을 척척 쓱쓱 바꾼다. 게다가 눈까지 그렇게 밝으니 이리저리 돌아치면서 날벌레를 잘도 잡는다. 뿐만 아니라 곤충 가운데 가장 빨라 시속 97킬로미터로 거침없이 날며, 어떤 것은 1초에 10~15미터 빠르기로 난다고 한다. 식성도 좋아 온종일 100~800마리가 넘는 멸구, 모기, 하루살이를 덥석덥석 잡아 튼튼한 입으로 자근자근 씹어 먹으니 익충임은 말할 필요가 없다. 헌데 자녀를 늘 지켜보며 주위를 맴도는 극성스런 어머니를 '위성 엄마(Satellite mother)' 또는 '잠자리비행기 엄마(Helicopter mother)'라 한다지. 이 밖에 "잠자리는 칠성판이다"라는 속담이 있으니, 잠자리에 드는 것이 칠성판을 지고 관 속에 드는 것과 같다는 뜻으로 늘 죽음의 위협을 받아 언제 죽을지 모르는 상황에서 사는 비참한 신세를 이른다.

잠자리는 대개 풀줄기나 축축한 흙, 고인 물에 알을 낳는다. 보통 알을 낳은 뒤 2주일이면 알을 까고 애벌레가 나온다. 잠자리 애벌레는 수채水蠆 또는 학배기라고 한다. 학배기는 10~15번 흐물흐물 허물을 벗으며 몸집이 훌쩍훌쩍 늘어난다. 너 나 할 것 없이 파란만장한 삶이다. 애벌레로 지내는 기간은 종마다 달라서 왕잠자리는 3~4년이고, 어떤 종은 8년이 넘는다고 한다. 잠자리 애벌레는 항문과 연결된 직장아가미나 꼬리 끝에 생긴 꼬리아가미로 숨을 쉰다. 직장아가미는 숨쉬기 말고도 급할 때 물을 세차게 똥구멍으로 내뿜어 몸을 앞으로 쑤욱 내빼는 데도 쓰인다니 이거야말로 "도랑 치고 가재잡기"다. 이들은 잠자는 시기인 번데기 과정을 거치지 않는 못갖춘탈바꿈(불완전변태)을 한다.

매미가 그렇듯이 그저 애벌레 시기를 여러 해 거치는 것은 곤충 세계에서 흔한 일이다. 길고 긴 애벌레 시기지만, 짧디 짧은 어른벌레 시기를 지낸다는 잠자리는 한철 살다가 죽는 것이 그리도 아쉬워서 어린 시절을 저렇게 오래 보내는 것일까? 하여튼 잠자리는 애벌레나 어른벌레나 모두 육식성으로 어른벌레는 모기, 파리, 벌, 개미, 나비 등을 잡아먹고, 거미, 사마귀, 직박구리, 제비에게 되레 잡아먹힌다. 그런가 하면 먹성 좋고 억척스런 학배기는 센 턱을 가져 장구벌레나 실지렁이, 올챙이뿐만 아니라 다른 친구 학배기도 마구잡이로 먹으며, 물장군과 물방개에게 잡아먹힌다. 그런데 개구리 새끼인 올챙이를 잡아먹은 학배기가 어른벌레인 잠자리가 되면 먹고 먹히는 관계가 별안간 미끄러지듯 역전된다. 빠듯한 벼랑 끝 승부라 할까? 올챙이가 개구리로 변하면서 철천지원수인 학배기의 어미 잠자리를 냅다 잡아먹으니 말이다. "사람 팔자 모른다"고 하더니만…….

학배기는 긴긴 물속 생활이 끝나 갈라치면 물가 풀줄기로 기어올라 비로소 날개돋이를 한다. 소화관에 슬며시 공기를 불어넣어 한껏 배 부풀리기를 하면 머리, 가슴이 파르르 떨리며 풍선처럼 부풀어 오르고, 금세 등짝이 'Y' 모양으로 짜개지면서 잠자리가 스르르 빠져나온다. 새끼의 몸을 쪼개고 어미가 태어나니 '어미 낳는 새끼'일세 그려! 알에서 어미가 될

병아리가 나오듯 애벌레가 어른벌레를 낳는다? 허물 벗은 잠
자리 날개는 아직도 덜 떨어져 제 모양을 갖추지 못하였다.
날개주머니에 든 쭈글쭈글 포개지고 뭉친 날개가 한참을 지나
면 이윽고 활짝 펴지고 물기가 마르면 공중을 날아오른다. 이
렇게 찢어지게 아픈 허물벗기가 없었다면 어찌 날개를 얻을
수 있겠는가! 곤충이 겪는 탈바꿈의 고통을 맛본 자만이 비상
의 날개를 달 수 있는 법이다. 바람에 흔들리지 않고 피는 꽃
없다 하고, 눈물에 밥 말아먹지 않고 영웅이 못 된다고 하니,
젊어 고생은 사서라도 하라는 말이다. 오늘 흘리지 않은 땀은
내일이면 피눈물이 된다.

여기저기 옮겨 붙거나 사귀려고 잇따라 접근하는 것을 '부
접附接대다'라고 한다. 잠자리 부접대듯 일을 할 때 오래 이어
가지 못하거나 붙었다가 금방 떨어짐을 일컫는다. 가을이 왔
다 싶으면 불현듯 잠자리 두 마리가 앞뒤로 달라붙어 거뿐히
휘젓고 다닌다. 바야흐로 짝짓기 시간이 되면 수놈은 다른 수
컷 놈들이 부접대지 못하도록 일껏 순찰을 돌면서 심한 텃세
를 부린다. 짝짓기 상대를 찾은 수놈은 암컷의 머리를 덥석
낚아채고는 30분 넘게 그렇게 끌고 다니면서 달래고 을러 알
낳기를 재촉한다. 수컷이 암놈의 목덜미를 꽉 물고는 근사하
게 하늘을 훨훨 펄펄 나니 이것을 흔히 혼인비행(Mating flight)이

라고들 하는데, 실은 짝짓기를 하고 있는 것이 아니라 일종의 애무인 것. 수컷 배 끝에 집게가 있어서 그것으로 암컷의 덜미를 꽉 틀어쥐고는 하늘을 씽씽 날아다닌다. 하여 앞의 것이 수컷, 뒤의 것이 암컷임을 짐작할 것이다.

한참 공중을 날다가 분위기가 무르익었다 싶으면 으슥한 연못이나 웅덩이 주변의 후미진 풀숲에 자리 잡고 짝짓기할 자세를 취한다. 암놈 생식기는 배의 열 마디에서 아홉째 마디에 있다. 수놈의 교미기는 두 개로 아홉째 마디에 생식기가 있고, 2~3마디에 부생식기가 있다. 암컷이 여섯 다리로 수놈의 배를 움켜쥐고 자기 몸을 둥글게 구부려 생식기를 수컷 가슴 부위에 있는 부생식기에 갖다 댄다. 수놈이 정자 덩어리를 부생식기에 붙여 두었기에 그것을 암놈이 받는 것이다. 이렇게 짝짓기를 할 때 두 마리가 만드는 모양이 둥그런 심장 꼴을 한다.

짝짓기가 끝났음에도 암수는 여전히 진득이 달라붙은 상태다. 왕잠자리나 실잠자리 암컷은 배 끝자락에 있는 날카로운 산란관을 창포 같은 부드러운 식물 줄기에 찔러 알을 낳는다. 그 밖에 대부분의 잠자리는 공중에서 빙그르르 돌아서 주변을 맴돌다가 갑자기 곤두박질쳐 물비늘 이는 연못물이나 개천물 위에다 꽁무니 끝을 댔다 뗐다 하며 알을 낳는다.

제아무리 주둥이가 막강하게 거칠고 센 잠자리라지만, 필자가 어릴 적에 짓궂고 저지레 좋아하는 장난꾸러기 또래들은 기죽지 않았다. 다섯 손가락을 쫙 편 채 잠자리 머리 위를 빙글빙글 돌리면서 천천히 살금살금 가까이 다가간다. 곤충은 다 회전하는 물체에 잘 반응하지 못하기에 잠자리나 파리 잡기는 누워서 떡 먹기다. 이때다 싶을 때 잽싸게 덥석 잡아버린다. 얼떨결에 붙잡힌 잠자리는 도망치려고 아등바등 애쓰지만 소용없는 일. 파르르 떠는 네 날개를 포개 접은 다음에 꼬리 끝을 가는 연실로 동여매어 잠자리 연을 날린다. 우리가 하늘을 날아오르지 못하니 잠자리를 통해 하늘의 메아리를 듣자는 것일 터. 새와 짐승을 빼고는 모두 변온동물이라서 볕살 받아 체온이 올라가야 곤충이 난다. 이른 아침에는 나비도 잠자리도 모두 죽은 듯 숨죽이고 있으니, 이런 때가 손으로 잡기에 안성맞춤이다. 이슬 먹은 뱀도 같은 신세다. "일찍 일어나는 새가 벌레를 잡는다"고 하지만 너무 이르면 헛고생한다.

곤충은 어느 것이나 기후 환경에 민감하여 그것들의 동태를 보면 환경 변화를 당장 알 수가 있다. 옛날에 그 많던 왕잠자리나 고추잠자리가 온데간데없다. 턱없이 줄어들어 눈을 씻고 찾아봐도 좀처럼 볼 수 없게 됐다. 마뜩잖은 인간이 마구잡이로 망나니짓을 해대니 잠자리까지 등을 돌리고 있다. 두고 봐라, 머잖아 너희 인간도 저승에서 우리와 만나고 말 터이니. 그렇다. 강가나 연못가에 진주 이슬 맺은 풀잎에 잠자리가 안심하고 잠자게 이참에 모두 환경 파수꾼, 자연 지킴이가 되어 보자. 사람도 죽을병에 걸리면 고칠 수 없듯이, 몽땅 망가진 지구 땅도 그러하다. 불살생不殺生, 모쪼록 보잘것없고 하찮은 것들도 긍휼히 여겨 살갑게 아우르고 보살펴 보듬으면 어디 아프고 덧난다더냐?

뽕나무밭이 변해
푸른 바다가 된다, 상전벽해

상전벽해桑田碧海는 "뽕나무밭이 변하여 푸른 바다가 된다"는 뜻으로, 세상이 몰라볼 정도로 변함을 비유한 말이다. "상전이 벽해가 되어도 헤어날 길 있고 하늘이 무너져도 솟아날 구멍 있다" 하는데, 이는 뽕나무밭이 바다가 될지라도 사람의 마음은 변하지 않는다는 뜻으로 쓰인다. 상전벽해에 관한 이야기가 여럿 있지만 『신선전神仙傳』의 「마고 선녀 이야기」에 나오는 말을 골라 추렸다.

옛날에 채경蔡經이란 귀족이 왕방평王方平이란 신선을 자기 집에 초대하였다. (중략) 주인과 손님은 정중하게 예의를 차려 인사를 나눈 뒤 왕방평이 문득 허공을 올려다보며 외쳤다.

"너 거기 있느냐?" 그러자 금방 어디선가 선계의 사자가 나타
나 "부르셨습니까?" 하고 대답했다. 왕방평은 사자에게 "오
냐. 너 가서 마고麻姑에게 내가 이리 좀 오란다고 전해라" 하
였다.

사자가 돌아와 이렇게 보고하였다. "마고님은 마침 봉래蓬萊에 볼일이 있어서 가신다고 하는데, 잠시 들러서 뵙겠다고 하셨습니다." 그로부터 얼마 지나지 않아 마고가 도착했다. 나이는 열예닐곱 살쯤 되었을까? 아름답기 그지없는 선녀였다.

(중략) 이윽고 왕방평이 가져온 음식을 펼쳐 놓았다. 음식은 대부분 선계의 과일이었고, 옥으로 만든 술병과 술잔도 있었다. (중략) "제가 신선님을 모신 지가 어느새 뽕나무밭이 세 번이나 푸른 바다로 변하였습니다. 이번에 봉래에 갔더니 바다가 다시 얕아져 이전의 반 정도로 줄어 있었습니다. 또 육지가 되려는 것일까요?" 음식을 먹으면서 마고가 한 말이었다.

뽕나무밭이 푸른 바다가 되고, 푸른 바다가 말라 뽕나무밭이 되려면 도대체 얼마나 긴 세월이 걸릴까? 이렇듯 시공을 뛰어넘어 상상을 초월하는 변화를 지켜볼 수 있는 사람은 없다. 하지만 10년이면 강산이 바뀌듯이 세상이 바뀌는 것은 참으로 빠르고 덧없어서 영원히 변하지 않으리라고 여기던 것이 흔적도 없이 사라지고 만다. 세월의 무상함을 아랑곳하지 않고 의연하게 그날그날 알찬 삶을 누리는 것이 지혜로운 인생이렷다.

뽕나무*Morus alba*는 뽕나무과 뽕나무속에 속하는 갈잎큰키나무로 속명 *Morus*는 '검음'을, 종소명 *alba*는 '흼'을 뜻한다. 중국 원산으로 '동방의 신목神木'이라 할 정도로 매우 귀중하게 여긴 나무다. 키가 10~20미터에 달하고, 잎은 달걀 모양, 둥근 모양, 긴 타원 모양으로 다양하며, 둘레가 3~5갈래로 갈라지고, 가장자리에 둔한 톱니가 있다. 잎을 자르거나 찢으면 끈적끈적한 하얀 즙이 나오며, 암나무와 수나무가 따로 있는 암수딴몸이라 꽃도 단성화다.

6월은 새뜻한 오디의 계절이다. 오디는 뽕나무나 산뽕나무의 열매로서 오디를 먹으면 소화가 잘 되어 방귀가 '뽕뽕' 나온다 하여 '뽕나무'란 이름이 붙었단다. 오디는 흰색에서 초록빛으로 바뀌다가 차츰 붉어져 완전히 익으면 자주색이나 검은색으로 변한다. 수두룩하게 조롱조롱 매달려 있는 오디는 집합과集合果로, 이는 여러 꽃에서 생긴 자잘한 열매가 촘촘히 박혀 한 개의 과실처럼 보이는 것을 이르며, 무화과가 대표적이다. 일부 지방에서는 오디를 오돌개라고도 하며, 한자로 상실桑實, 상심桑椹, 오심烏椹, 흑심黑椹이라고 하는데 여기서 '심椹'은 오디란 뜻이다. 생물학에서 '상실'을 꾸어다 썼으니, 수정란이 난할을 하여 할구가 16~32세포가 되는 시기의 모양이 오디를 퍽 닮았다 하여 상실배기桑實胚期라 한다.

어릴 적 장면이 설핏 눈에 스친다. 늘 그랬듯이 옥신각신 동무들과 어울려서 발돋움질하여 뽕가지를 나직이 담쏙 휘어 잡아 고개를 수굿이 하고 주섬주섬 푸짐하게 따 먹고 나면, 손바닥은 물론이고 입가가 온통 오디 물로 범벅이 되었다. 오디는 여러 당과 유기산이 옹골차게 들어 있어 맛이 새콤달

콤하여 날로 먹거나 즙을 내 먹으며, 오디술은 덜 익은 열매인 상심자桑椹子로 담근다. 오디의 여러 색깔은 안토시아닌anthocyanins 때문으로, 오디즙 1리터에서 많게는 2,725밀리그램이 추출된다고 한다. 이 밖에도 오디에는 적포도주에 많이 들어있다는 레스베라트롤resveratrol이라는 항산화물질이 엄청 많이 들었다.

뽕나무의 잎은 누에 키우기(양잠) 말고도 소여물로 쓰이며, 흰머리가 검은 머리가 된다 하여 뽕나무잎 차로도 먹는다. 줄기 속껍질을 말린 상백피桑白皮는 해열, 이뇨, 진해 치료제로 쓰이고, 뿌리는 심한 기침이나 천식 치료에 좋단다. 어디 그뿐인가. 뽕나무 기생목인 겨우살이(Mistletoe)는 항암제로 쓰이고, 상황버섯은 원래는 뽕나무 밑둥치에 자라기에 상목이桑木耳라 한다. 어허! 하나도 버릴 게 없는 뽕나무일세!

뽕나무는 씨나 꺾꽂이로 번식하지만, 새들이 잘 익은 오디를 귀신같이 골라 콕콕 쪼아 먹고 사방팔방 똥을 싸 대니 저절로 널리 퍼진다. 그런데 그 좋은 뽕나무도 꽃가루가 해롭다 하여 도심에 심는 것을 꺼린다는군. 서울에는 세종 때 누에치기를 장려하기 위해 뽕나무밭을 만들어 농민들에게 시범을 보이던 조선 왕가의 잠소蠶所가 있던 '잠실리蠶室里'가 있었으니 그곳이 지금의 '잠실'이다. 작은 마을 잠실리가 땅값 비싼 잠실로 바뀐 것이야말로 상전벽해가 아니고 뭐겠는가.

하지만 뽕나무란 이름에선 어쩐지 엉큼하고 음흉한 냄새가 풍긴다. "임도 보고 뽕도 딴다"고 했던가. 도랑 치고 가재 잡고, 꿩 먹고 알 먹고, 누이 좋고 매부 좋고, 마당 쓸고 동전 줍고, 이거야말로 일석이조一石二鳥요, 일거양득一擧兩得이다. 누에 먹일 뽕잎도 따고 뽕밭에서 정도 통하였으니 이는 두 가지 일을 동시에 이룸을 뜻한다. 남녀의 밀회, 밀통, 음사, 간통 등을 일러 상중지약桑中之約, 상중지희桑中之喜라 하는 까닭이 여기에 있다.

돼지 멱따는 소리

"돼지 멱따는 소리"란 아주 듣기 싫도록 지르는 높은 소리를 일컫는데, 그런 소리를 두고 "기차 불통 삶아 먹은 소리" 같다고도 한다. 기차가 증기를 푹푹 내뿜으며 내지르는 경적 소리는 귀가 따가웠지. 여기서 '멱'은 목의 앞쪽을 말한다. "멱살을 잡다"라고 할 때 '멱살'은 사람의 멱이 닿는 부분의 옷깃을 뜻한다. 돼지고기는 있으나마나 하고 국물뿐인 '꿀꿀이죽'을 "돼지 멱 감은 물"이라고 한다.

기억조차 하기 싫지만, 옛날에 시골에서 돼지를 잡을라치면 네 다리를 꽁꽁 묶고, 몸부림치며 버럭대는 놈을 옆으로 눕힌 다음 기골이 장대한 사내가 우격다짐으로 돼지를 몸으로 짓누르고는 목을 휙 깊숙이 찔러 목동맥을 베었다. 흐르는 피를 양푼이나 대야 같은 데 받아내 나중에 순대에 넣었다. 이때 동네방네 꽥꽥 내지르는 끔찍한 소리가 '멱따는 소리'인데, 요샌 손도끼로 앞머리를 서슴없이 때려잡으니 큰 소리 한 번 못 지르고 고꾸라지고 만다. 나는 마음이 여려서 그런 때는 도망쳐 먼발치에서 오만상을 찌푸리며, 귀를 꽉 막고 목멘 절규가 끝나기를 기다렸다. 측은지심惻隱之心이라는 것이지. 지금도 다르지 않아서 부엌에서 집사람이 식칼로 피 묻은 쇠고기나 생선살을 장만하는 것을 보면 내색은 않지만 조용히 발을 돌려 버린다.

내가 어릴 때 외마디 비명소리가 들리면 온 동네 조무래기 씨동무들은 하나같이 반가워하며 우르르 모여들었다. 모처럼 땡잡는 날이다. 그때는 고무공이나 가죽공이 없어서 가는 새끼줄을 둘둘 감아 공으로 썼더랬다. 동네 돼지 잡는 날에는 오줌보를 얻어다 바람을 한껏 불어 넣어 팽팽해진 것을 논바닥을 맘껏 헤매면서 뻥뻥 찼으니, 발등에 착착 감겨 오는 물렁물렁한 오줌보의 보드라운 그 감각은 유별났다. 생각하면 지긋지긋하게 못살아도 그때가 좋았다.

"돼지 멱따는 소리"를 듣는 날이 또 있었다. 한 달쯤 자란 새끼 수퇘지의 불알을 까는 날이다. 거세하면 고깃살의 지린 내가 없어지고, 성질이 순해지고, 고기 질도 좋아지고 살도

245

찐단다. 감나무 밑에 가마니 한 장 깔아 새끼들 누여 놓고 사금파리로 불을 쭉 째서 알을 드러내고는 쓱쓱 된장을 발라 두는 것이 고작이었다. 지린내란 고환의 남성호르몬 때문에 나는 수컷 냄새다. 요즘도 도살장에서 암컷의 살은 내다 팔지만, 수컷의 살은 모아 냄새를 처리하여 햄이나 베이컨을 만든다고 한다.

돼지는 멧돼짓과에 속하는 유제류로 큰 발굽 두 개와 작은 발굽 두 개가 있는데, 짜개진 큰 발굽 두 개가 땅바닥에 닿고 나머지 두 개는 공중에 떠 있다. 돼지는 멧돼지를 길들인 것으로 육축(소, 말, 돼지, 염소, 닭, 개) 가운데 가장 아낌을 받아 왔으며, 세계적으로 1000품종이 넘는다. 강아지만 한 것에서 집채만 한 것이 있는데, 몸길이는 보통 0.9~1.8미터, 몸무게는 50~350킬로그램으로 큰 놈, 작은 놈, 살찐 놈, 야윈 놈 천차만별이다. 멧돼지가 집돼지의 조상이므로 그들 사이에 새끼를 친다. 발굽동물은 모두 바로 서서 새끼를 낳지만 돼지는 자리를 만들고 거기에 드러누워서 새끼를 낳는다. 젖꼭지 일곱 쌍에서 앞쪽의 것이 젖이 많이 나오므로 일찍 태어난 놈들이 먼저 차지하며, 영특하게도 한번 제 젖꼭지가 정해지면 그것을 꼭 지켜서 패싸움을 피하며 쓸데없는 에너지를 줄인다.

사람들은 몹시 뚱뚱하거나 아주 미련하고 탐욕스러운 사람을 "돼지 같다"고 놀림조로 부른다. 자기 아들을 겸손하게 낮춰 '돈아豚兒'라고도 부르는데 말 그대로 '돼지 새끼 같은 아이'라는 뜻이다. 남과 다른 행동을 하거나 평소와 달리 엉뚱한 행동을 할 때 '돼지 왼 발톱'이라 부르며, 지저분하기 짝이 없을 때를 '돼지우리' 같다고 한다. 돼지를 돝이나 도야지라 불렀고, 윷놀이에서 도의 곁말로 쓰며, 한자로 저猪, 돈豚, 시豕, 해亥라고 쓴다. 도야지는 목이 굵고 다리가 짧으며, 잡식성으로 주둥이가 길쭉하고, 꼬리는 작고 또르르 말려 있다. "돼지 꼬리 잡고 순대 달란다"란 일정한 단계를 거치지 않고 성급하게 바란다는 말로, "우물에서 숭늉 찾기"나 "연목구어緣木求魚"와 비슷하다. 그리고 코끼리의 상아는 앞니가 커진 것인데 돼지의 엄니는 송곳니가 길어진 것이다. 엄니를 치켜세우고 앞뒤 헤아리지 않고 돌진할 때 '저돌적猪突的'이라 한다.

우리 재래종은 2000여 년 전에 가축이 되었다고 보는데, 털은 새까맣고 몸집이 작으나 체질이 강하고 질병에 강한 것이 특징이다. 재래종은 조선시대 말엽까지 키워오다가 외래종이 들어오면서 끝내 사라지게 되었으나, 순계분리와 같은 숱한 고생 끝에 가까스로 살려냈다고 한다. 대대로 이어 온 우리 검정 돼지를 '똥 돼지'라 낮춰 부르는데 실제로 '똥개'가 그렇듯 지지리 먹일 게 없으니 부득이 돼지에게 사람의 똥을 먹였다. 그 시절은 이른바 똥이 금이었으니까. 한데 꿀꿀이는 미련한 듯 보여도 주인을 알아본다. 먹을 것을 들고 가거나 곁을 지날 때면 한사코 달려 나와 앞다리를 우리 턱에 걸치고 개구쟁이처럼 꿀꿀 소리 지르면서 머리를 흔들며 반긴다.

돼지는 우리와는 떼려야 뗄 수 없는 무엇을 가지고 있다. 일찍부터 지신地神의 상징으로 여겨서 제전에 제물로 바쳤고, 고사에도 돼지 대가리요, 굿거리 음식에도 돼지머리가 절대 빠져서는 안 되며, 시산제에 가서도 절 한 번 하고는 쩍 벌린 입에다 지전을 꽂는다. 돼지는 황금을 상징하여 돼지꿈을 꾸면 길몽으로 여겨 복권을 사기도 한다. 다산과 재물을 상징하는 돼지 그림이 그래서 이발소나 음식점 벽에 그리도 많이 걸려 있었나 보다. 어디 그뿐일라고. 당뇨병에 쓰는 인슐린도 돼지 것이 최고요, 오장육부 크기가 사람과 아주 비슷하여 장기이식 동물로도 안성맞춤이다. 이래저래 우리와 참 가까운 돝이다!

뻐꾸기가 둥지를 틀었다?

뻐꾸기를 '봄의 전령'이라 부른다. "뻐꾸기도 유월이 한철이라"는 누구나 한창때가 얼마 되지 아니하니 그때를 놓치지 말라는 말로 "메뚜기도 유월이 한철이다"와 일맥상통한다. 소년이로학난성 일촌광음불가경少年易老學難成 一寸光陰不可輕이라, "소년은 늙기 쉽고 학문은 이루기 어렵다"고 짧은 시간이라도 가볍게 여겨서는 안 된다.

우리는 '뻐꾹 뻐꾹' 운다고 뻐꾸기 또는 뻐꾹새라 일컫는데, 서양에서는 '쿡쿠 쿡쿠' 한다고 '쿡쿠Cuckoo'라 부른단다. 그나저나 우리네들 집집마다 뻐꾸기 한두 마리씩 키우지 않는가? 뻐꾸기시계나 쿠쿠 밥솥 말이다. 뻐꾹! 뻐꾹! 하고 큰 소리로 우는 건 수놈이다. 암컷은 고작 '삣 빗 삐' 들릴락 말락 낮은 소리를 낼 뿐이다. 뻐꾸기 수놈은 다른 새와는 달리 우뚝 선 피뢰침 꼭대기에서 천적을 살피며 목청을 한껏 높여 청아한 사랑 노래를 부르면서 암놈을 꼬드긴다. 한데 저 새들은 분명히 작년에 이 근방 숲에서 태어난 놈이리라. 지금까지 그랬듯이 녀석들이 제비처럼 제가 태어나 자란 서식지를 기억하여, 대만이나 필리핀 등지의 동남아시아에서 겨울을 나고, 오뉴월에 귀신같이 찾아온다.

뻐꾸기 *Cuculus canorus*는 유럽과 아시아 지역에 사는 두견과에 속하는 몸길이 35센티미터 안팎의 중형 새로, 몸 윗면과 먹은 잿빛이 도는 푸른색이고, 아랫면은 흰 바탕에 회색 가로무늬가 있다. 몸매가 날씬한 것이 꼬리가 길어서 공중을 날면 매로 잘못 보기 쉬우며, 1년에 두 번 봄가을에 털갈이를 한다. 한국에서는 산자락이나 사람이 사는 집 근처 숲에서 흔히 볼 수 있는 여름새로 5~8월까지 울음소리를 들을 수 있고, 다른 새들이 싫어하는 송충이나 쐐기벌레같이 몸에 털이 부숭부숭 난 모충毛蟲을 즐겨 먹는다.

이 녀석들은 알을 제가 품지 못하고 딴 새 둥지에 몰래 집어넣어 새끼치기를 하니, 이를 탁란托卵이라 한다. 즉, 기생새다. 탁란새는 모두 두견과로 세계적으로 100종이 넘으며, 우리나라에는 뻐꾸기, 등검은뻐꾸기, 두견이, 매사촌, 벙어리 뻐꾸기 등이 있고, 숙주 새인 뱁새, 멧새, 노랑할미새, 알락할미새, 종달새, 개개비, 검은딱새, 때까치 등에게 의탁한다. 5월 초에서 8월 초까지 한 개의 둥지에 보통 1~3개의 알을 맡기며, 이 집 저 집 번갈아 가면서 50개도 넘게 낳는 종도 있다 한다.

"뻐꾸기가 둥지를 틀었다"는 가능성이 없는, 웃기는 일을 두고 하는 말이다. 그렇다. 십자매에 금화조나 문조의 알을, 암탉 둥지에 오리 알을 품게 하는 것도 탁란이다. 이들은 자기를 키워 준 어미 새의 둥지에 알을 맡기니 어미와 보금자리가 각인된 탓으로, 기생 새와 숙주 새가 서로 정해져 있다는 것이다. 그 가운데 죽을힘을 다해 뻐꾸기를 품고 먹여 키워 준 뱁새(붉은머리오목눈이)를 예로 들어 보자.

영리한 자의 속임수란 말인가? 멀리서 뻐꾸기 암컷이 골똘히 눈치를 보다가 뱁새 어미가 잠깐 자리를 비운 사이에 거리낌 없이 뱁새 둥지에 날아들어 알 하나를 밀어내버리고 제 알 하나를 낳고 벼락같이 날아 나오니 그때 걸리는 시간은 10초 남짓이다. 집에 돌아온 뱁새 어미는 미심쩍은 기분이 좀 들었겠지. 알 하나가 조금 커 보이기는 하지만 제 알들과 색깔과 무늬가 꼭 닮았고, 하나, 둘, 셋, 넷, 알 개수에 차이가 없으니 안심한다. 이렇게 이 둥지 저 둥지를 돌아다니면서 열 개가 넘는 알을 낳는 요사한 암놈 뻐꾸기다. 다른 새와 달리 뻐꾸기는 반드시 뱁새 둥지에 알을 한 개만 낳으니, 뱁새 어미가 둘을 다 키우는 것은 버겁다는 것을 뻐꾸기가 알기 때문이리라. 세포 속에 무엇이 깊숙이 내장되어 있기에 이를 알까?

한편, 뱁새 알이 까이는 데에는 14일이 걸리는 반면, 뻐꾸기 알은 9일이면 알까기하기에 조금 늦게 낳아도 문제가 없다. 그런데 뻐꾸기 새끼는 알까기한 뒤 열 시간이 지날 무렵이면 별난 행패를 부리는데, 제 등에 딱딱한 것이 닿았다 하면 날갯죽지를 뒤틀어서 둥지 바깥으로 밀어내 버리는 망나니 본성을 드러낸다. 이렇게 뱁새 알은 죄다 밀어내어 어미를 독차지하고는, 어미 맘을 사기 위해 뱁새 새끼 흉내를 내며 갖은 아양을 부린다. 영문도 모르는 뱁새 어미! 알고도 속아주는 것일까? 제 몸을 삼킬 듯이 커버린 남의 새끼를 금이야 옥이야 보살펴 거뿐히 키우는 어미 뱁새 아닌가. 뻐꾸기에게 탁란을 당하는 것은 피할 수 없는 숙명인가? 바늘과 실과 같은 운명인가? 어미 뱁새는 그동안 곯아 빠져 몰골이 말이 아니다. 안쓰럽게도 날개가 헤져 너덜거리며 첫새벽부터 먹이를 찾아 숲속을 힘들게 쏘다니고 있을 때, 다른 어미 뻐꾸기는 먼 나무 위에서 딴전을 부리고 있으니 말이다. 낳은 어미와 기른 어미가 있는 뻐꾸기!

기생 새는 꼭 덩치가 저보다 작은 숙주 새를 고르는데 그래야 새끼끼리 싸워 이길 수 있다. 한 실험에서 산란 관계를 살펴본 결과, 기생 새 64퍼센트는 한 개, 23퍼센트는 두 개, 10퍼센트는 세 개, 3퍼센트는 무려 네 개를 낳았다. 숙주 새가 말없이 알을 받아들이는 것이 66퍼센트고, 12퍼센트는 밀어내 버리고, 20퍼센트는 둥지 자체를 포기하며, 2퍼센트는 알을 묻어버렸다고 한다. 어떻게 이런 자연선택을 했을까? 이런 기생 생활이 과연 진화에서 생존에 유리한 것일까? 이 부분에 대해서는 조류 행동·생태학자들도 결론을 내리지 못하고 있다.

우리 인간 사회에도 볼품없는 뻐꾸기와 두견이가 득실거리고 있으니, 자식 없는 집 앞에 버려진 아이를 업둥이라 한다지. 또한 정치하는 사람들 가운데에도 꼽사리꾼이 있으니, 무소속으로 주변을 빈둥거리다가 잽싸게 정당에 들어가 한자리 차지하는 '뻐꾸기 수법'을 구사하는 기회주의자 정객 말이다. 그리고 뻐꾸기를 어리석은 사람이나 얼간이에 비기니 제 스스로 새끼를 키우지 못함을 빗대는 말이요, 서양에서는 '바람피우는 부정한 남편'이라는 뜻으로도 쓰인다고 한다.

뱉을 수도, 삼킬 수도 없는
뜨거운 감자

'뜨거운 감자'란 큰 쟁점임에도 해결이 쉽지 않아 이러지도 저러지도 못하는 미묘한 문제나 경우를 일컫는 말이다. 배가 출출하던 참이라 김이 모락모락 나는 갓 구운 구수한 감자를 먹고 싶으나 속에는 뜨거운 기운이 남아 있어 먹을 수 없다. 한 입 덥석 베어 물기라도 하면 목구멍이 너무 뜨거워 뱉을 수도 그냥 삼킬 수도 없는 곤란한 처지에 빠지고 만다. 이 말은 오늘날 정치, 경제, 사회, 모든 분야에서 빈번히 사용하는 어휘로, 베트남 전쟁 때 미국 언론에서 진퇴양난에 빠진 전쟁 상황을 가리키는 은유로 처음 썼다고 한다.

감자는 페루와 칠레의 안데스산맥이 원산지로 세계적으로 5000품종이 넘으며, 염색체는 24개(2n, 2배체)인데 3배체, 4배체, 5배체 등 여러 것이 있다. 옛날 사람들은 감자를 '마령서馬鈴薯'라 했는데, 이는 말에 달고 다니는 방울처럼 생겼다 해서 붙은 이름이다.

감자*Solanum tuberosum*는 가짓과의 한해살이풀로서 같은 과에 꽈리, 가지, 고추, 구기자나무, 까마중, 꽃담배 등이 있다. 무엇보다 이들 꽃을 보면 서로 많이 닮았는데, 가까운 생물일수록 생식기도 비슷하다는 것을 알 수 있다. 감자의 덩이줄기에는 오목 들어간 눈이 나 있고, 거기서 어린 싹이 돋아난다. 6월쯤에 잎겨드랑이에서 긴 꽃대가 너푼너푼 자라 끝자락에 별 꼴을 한 꽃이 열리니, 샛노란 수술을 지닌 다섯 갈래로 얕게 갈라진 꽃잎은 흰색, 보라색, 붉은색 등 여러 가지고, 대개 딴꽃가루받이(타가수분)를 하지만 일부는 제꽃가루받이(자가수분)도 한다. 꽃이 진 뒤에 300개가 넘는 씨가 든 토마토 비슷한 작은 열매가 달리는데, 그것을 싹 틔워 감자 품종개량에 쓴다. 결국 감자는 덩이와 씨앗으로 번식한다. 알다시피 우리가 먹는 감자는 '줄기'고 고구마는 '뿌리'다. 그리고 감자는 눈이 박힌 덩이를 짜개 심지만 고구마는 순을 내어서 잘라 심는다.

감자밭에서 잎줄기를 만지거나 스치면 고약한 냄새가 나며, 감자에서 튼 싹에는 알칼로이드alkaloid의 일종인 솔라닌solanine이나 차코닌chaconine이 들어 있으므로 움이나 푸르게 변한 감자는 먹지 않는다. 이 독을 먹으면 두통, 설사, 경련, 혼수상태에 이르며 끝내는 목숨을 잃을 수도 있다 한다. 이런 독성 물질은 감자의 순 말고도 껍질이나 잎, 줄기, 열매에도 많은데 감자의 천적인 여러 곤충에게서 자기를 보호하기 위해 만든 것이다. 담배가 니코틴을 만드는 것도 같은 원리다.

감자는 밥거리는 물론이고 소주의 원료로 쓰이며, 감자녹말로 당면을 만든다. 어디 그뿐인가. 감자떡, 부침개, 조림, 튀김, 전, 볶음, 국, 샐러드, 칩 등 다양하다. 감자 하면 늘 화석처럼 머릿속에서 사라지지도 않고 떠오르는 장면이 있다. 애옥한 살림살이에서 꽁보리 밥사발에 감자 한 톨이 박혀 있으니 그놈을 젓가락으로 찔러 빼 먹고 나면 밥그릇엔 주먹만 한 구멍이 뻥 뚫려 보리밥도 몇 술 남지 않는다. 먹고 돌아서면 대뜸 허기지는 한창때인데……. 감자 깎기도 하루 이틀이 아니었다. 해거름에 부엌 바닥에 엉덩이를 퍼질고 앉아 물에 적신 감자를 들고 싹 싹 싹…… 얼마나 감자 껍질을 박박 벗겼으면 숟가락이 닳아 빠져 모지랑숟가락이 되었겠는가. 감자의 맨살이 공기에 닿으면 멜라닌이 생겨 검게 변하므로 깎은 것은 바로 물에 헹구거나 담가야 한다.

남세스러운 이야기지만 예전엔 그랬다. 한여름에 소 먹이러 갈 적엔 햇감자 몇 톨을 주머니에 넣어 간다. 산비탈에 소를 쳐 놓은 다음에 다들 바빠진다. 소매를 걷어붙이고, 일부는 뿔뿔이 흩어져 불땀 좋은 소나무 삭정이나 검불을 모아 오고, 나머지는 강가에서 감자 찔 준비를 한다. 큰 돌로 양쪽에 길게 턱을 만들어 널찍하고 얇은 돌을 가로 걸치고, 그 위에 자잘한 돌을 수북이 쌓고는 장만한 땔감을 아궁이에 집어넣고 너부시 엎드려 후후 입김 불어 불길을 살린다. 돌멩이들이 벌겋게 달았다 싶으면 다들 또다시 바빠진다. 큰 작대기로 돌집을 홀라당 헐고, 가운데를 파내어 그 자리에 감자를 쏟아넣고, 쩔쩔 끓는 돌로 감자를 덮은 다음 준비해 둔 흙으로 무덤처럼 덮는다. 그런 다음 제일 가운데에 분화구 같은 구멍을 지그시 내고는 고무신짝으로 떠온 물을 쏟아붓고서 흙으로 틀어막는다. 상상해보라. 뜨거운 돌이 물을 만났으니 뜨거운 김을 내면서 감자가 쪄진다. 이렇게 강변에서 '뜨거운 감자'를 쪄 먹던 때가 있었다.

감자는 일반적으로 봄에 일찍 씨를 뿌려 여름 장마 전에 거두어들인다. 소독한 칼로 씨감자를 큰 것은 네 쪽으로, 작은 것은 두 쪽으로 자르고 보다 작은 것은 통으로 쓴다. 자른 토막은 서늘한 그늘에 하루 이틀 두어서 상처를 아물게 한 다음 심는다. 옛날엔 재를 묻혀서 바로 심었다. 감자 순에서 뿌리줄기가 내려 새 감자가 열리므로 조금 깊게 5~10센티미터 정도로 자른 자리를 아래로 가게 묻는다. 수확한 바로 다음에 다시 심으면 싹이 나지 않으며, 90~120일쯤 휴면기를 지나야 싹을 틔운다.

감자 잎이 어느 정도 자라면 큰이십팔점박이무당벌레(왕무당벌레붙이)가 별안간 나타난다. 이 녀석이 진딧물을 잡아먹는 익충인 무당벌레인가 싶었는데 나중에 보니 가짓과의 잎을 갉아 먹는 해충이 아닌가. 무당벌레이면 다 이로운 줄로 알았던 내가 바보다. 감자 꽃과 꽃이 붙은 순도 함께 따 주어야 감자에 영양이 쏠려 알이 굵어진다.

누군가는 여름 감자 몇 개를 신문지에 싼 채 베란다 구석에 처박아 두었다. 상상을 초월하는 일이 벌어질 줄 누가 알았겠는가. 모르고 있다가 이듬해 늦봄에 그걸 알아차리고 퍼뜩 열어보니 뽀얀 순이 한가득 엉켜 있고, 놀랍게도 바닥엔 콩알만 한 새하얀 새끼 감자가 조롱조롱 매달렸더란다. 얼마나 햇빛이 보고프고 물이 그리웠을까. 덩이줄기에 먹을 건 있어도 밥만 먹고는 못 사는 법. 이렇듯 하늘이 무너져도 새끼치기는 한다. 종족보존이란 이렇게 숭고한 것을…….

닭 잡아먹고 오리발 내민다

"닭 잡아먹고 오리발 내민다"고 하는데, 남의 닭을 잡아먹고 오리발을 턱 내밀며, 시치미 뚝 떼고는 오리 잡아먹었다고 발칙하게도 내숭을 떨고 있으니, 이는 옳지 못한 일을 저질러 놓고는 엉뚱한 수작으로 속여 넘기려 하는 것을 뜻한다. 그러나 오리발은 앞쪽을 향한 세 개의 발가락 사이에 물갈퀴가 나 있지만 닭발에는 그것이 없는 탓에 그리 쉽게 속일 수는 없다. 잠수용 물갈퀴도 오리발을 흉내 낸 것이다.

오리는 사람들이 수천 년 전부터 키워왔고, 알은 흰색, 녹청색 등 다양하며, 우리 시골의 오리 암놈은 암탉이 알 낳듯이 매일 알을 낳는다. 기러기가 거위의 원종原種이라면 청둥오리는 집오리의 원종이다. 청둥오리는 우리나라에 날아오는 오리 가운데 가장 흔하면서 대표적인 겨울철새다. 우리나라 강이나 호수에 사는 오리는 청둥오리, 알락오리, 가창오리, 쇠오리, 흰뺨검둥오리 등 열 종이다. 청둥오리의 학명 *Anas platyrhynchos*에서 *Anas*는 '기러기', *platyrhynchos*는 '납작한 부리'란 뜻이다. 오리 주둥이는 누르스름하고 납작한 것이 길게 삐져나왔는데 그것으로 개울물을 발칵 뒤집는다.

청둥오리는 다른 새들처럼 수컷이 크고 예쁘며, 수컷의 몸길이는 56~65센티미터, 날개를 편 길이는 81~98센티미터, 몸무게는 0.9~1.2킬로그램이다. 수놈의 머리는 광택이 나는 짙은 초록색이고, 가늘고 흰 목테가 있으며, 날개와 가슴과 배는 짙은 갈색이다. 암컷은 온몸이 갈색이다. 아주 짧은 다리로 기우뚱거리며 걷고, 고개를 주억거리며 꽥! 꽥! 입체적인 소리를 내지른다. 게걸스럽게 아무거나 잘 먹는 잡식성으로 사방으로 헤집고 다니면서 민물에 다슬기와 수서곤충과 민물새우와 물벌레를 냉큼 주워 먹고, 풀잎과 줄기와 뿌리를 걸신들린 듯 질경거린다. 낟알도 중요한 먹잇감이다.

몸이 통통한 청둥오리는 새 가운데 '알렌의 법칙'에 꽤 잘 들어맞는다. '알렌의 법칙'이란 포유류나 조류 같은 정온동물은 몹시 추운 북극 지방에서는 열의 손실을 줄이기 위해 귀나 주둥이(부리)나 다리 같은 말단기관이 작아지고, 열대 지방과

사막에 사는 동물은 열 발산을 실컷 하기 위해 말단기관이 커진다는 것이다. 또 청둥오리는 새 가운데 드물게 '베르크만의 법칙'에도 들어맞는다고 한다. 이 법칙은 북극의 정온동물은 덩치가 커지고 열대의 것은 작아진다는 것이다. 즉 추운 곳에 사는 정온동물은 몸이 클수록 열 발산이 줄어들어 체온 유지에 이롭고, 더운 지방에 사는 정온동물은 작을수록 부피에 비해 상대적으로 표면적이 늚으로 열 발산이 쉽다.

이들은 늘 그랬듯이 만, 호수, 연못, 간척지, 농경지 등지에서 매서운 겨울을 나는데, 세계에 140종이 넘고, 북쪽에서 번식하는 종들은 겨울나기를 낯설고 물선 남쪽에서 하지만 온대와 열대의 것들은 텃새다. 그리고 땅과 물에 익숙한 오리라 "오리 홰 탄 것 같다"는 말은 제가 있을 곳이 아닌 곳에 있어 위태로운 모양을 이르는 말이다. 우리 집 닭장에도 오리 한 마리는 늘 오도카니 땅바닥에, 닭들은 줄곧 높다란 홰에 오른다.

청둥오리는 집오리와 번식하거나 함께 무리를 이루기도 한다. 집오리는 최소한 25품종 넘게 개량되어 세계 곳곳에서 기르고 있고, 그 가운데 베이징 종은 대형 품종으로 수컷은 몸무게가 자그마치 4.08킬로그램이나 된다고 한다. 이놈들을 튀겨 갖은 양념에 찍어 먹으니 그것이 '북경오리'다! 벌써 군침이 도는군! 오리는 세계적으로 닭 다음으로 많이 소비한다.

알과 살코기는 먹고, 솜 깃털은 방한복에 쓰니 버릴 것이 하나도 없다.

"오리고기 잘못 먹으면 손가락이 붙는다"는 속설이 있어서 임신부에게는 오리고기나 오리 알은 금기하는 음식으로 알려져 있다. 그 근거를 대라 하면, 태어나면서부터 손가락이나 발가락 사이가 오리 물갈퀴처럼 이어져 있거나 아예 합쳐진 합지증合指症이 있어 그렇다. 여자보다 남자에게 흔하며, 양손 가운뎃손가락과 약손가락 사이에 가장 많고, 발가락에도 생기는 병이다. 이는 발생 과정에서 '세포자살'로 물갈퀴가 없어지는 것이 정상인데 그렇지 못할 때 생긴다. 그러나 오리고기나 알은 합지증과 아무런 관련이 없다. 오리 단백질이 소화하여 생긴 아미노산은 사람 몸에서 DNA 명령에 따라 사람 단백질로 바뀌기에 그렇다.

포유류의 특징을 털에서 찾는다면 새는 깃털이 상징적이다. 종에 따라 깃털 색깔이 다르다. 깃털이 붉거나 노란 것은 깃털에 묻어 있는 리포크롬lipochrome이라는 색소 때문이고, 검은색이나 회갈색은 멜라닌melanin 때문이며, 초록색은 노란색과 푸른색의 혼합에서 나온다. 오리는 다른 물새가 그러듯이 꼬리에 불거진 지방 분비샘에서 나오는 기름을 부리로 물샐틈없이 깃털에 바르니 물이 스며들지 못한다. 기름이 묻은 깃털 아래에 부드럽고 보풀보풀한 솜 깃털이 있어서 털 사이에 공기를 가두어 몸을 따뜻하게 한다. 고등학교 때 외운 "Fine feathers make fine birds(옷이 날개다)!"란 말이 언뜻 떠오르는군!

"오리 새끼는 길러 놓으면 물로 가고 꿩 새끼는 산으로 간다"고 자식은 다 크면 제 갈 길을 택하여 부모 곁을 떠난다는 말인데, 저마다 변치 않고 타고난 본능대로 행동한다는 뜻도 된다. 물론 이때의 오리나 꿩은 아직 덜 길들여진 것을 두고 하는 말이다. 앙바틈한 오리처럼 뒤뚱거리며 걷는 걸음걸이나 벌 받을 때나 운동할 때 쭈그리고 앉아서 걷는 걸음을 일러 '오리걸음'이라 하고, 봉긋한 엉덩이를 '오리 엉덩이'라 하니 어릴 적에 내 큰 딸내미를 '오리 궁뎅이'라 놀렸더랬다. "새 오리 장가가면 헌 오리 나도 간다" 하는데, 이는 남이 하는 대로 무턱대고 저도 하겠다고 따라나서는 주책없는 행동을 이르는 것으로 "학이 곡곡 하고 우니 황새도 곡곡 하고 운다"와 비슷한 말이다.

깨끗한 삶을 위해 귀를 씻다

"귀를 씻다"란 세속의 더러운 이야기를 들은 귀를 씻는다는 뜻으로, 세상의 명리를 떠나 깨끗하게 삶을 비유적으로 이르는 말이다. 허유와 소부의 이야기를 소개한다.

허유許由는 요순시대에 재간과 지혜가 탁월하기로 소문난 현인이다. 요제堯帝는 허유의 현덕을 아는지라 자기 임금 자리를 그에게 맡기려고 했으나, 허유는 이를 거절하고 기산영수箕山穎水에 들어가 숨어 지낸다. 허유가 임금이 되어 달라는 나쁜 얘기를 들었다며 귀를 영수의 물에 씻었으니, 이를 영천세이穎川洗耳라 한다. 그 당시 허유의 친구 소부巢父도 같이 숨어 있었으니 이들을 영수은사穎水隱士라 부른다. 소부가 마침 소를 몰고 나와 물을 먹이려던 참에 허유가 영수 물에 귀를 씻는 것을 보고 어찌 된 일인지 물었다. (중략) "됐소이다. 물러서시오. 이 깨끗한 물을 더럽히지 말고 내 소의 입을 더럽히지 마시오!" 하고 소부가 화를 내었다.

이현령비현령耳懸鈴鼻懸鈴은 귀에 걸면 귀걸이 코에 걸면 코걸이라는 뜻으로, 어떤 사실이 이렇게도 저렇게도 해석됨을 이르는 말이 아니던가. 귀가 둘이요 눈도 둘인데 입은 하나라! 남의 이야기를 귀 기울여 듣기를 잘하고, 깊게 보아 통찰력을 키우며, 말을 적게 하라는 뜻이다. 입이 헤프면 쓸모없는 말을 하게 된다. 내처 돌처럼 무거울 것이다.

귀는 소리를 듣는 것 말고도 몸의 평형을 잡아준다. 귀는 바깥귀(外耳), 가운데귀(中耳), 속귀(內耳)로 구성되어 있다. 사람의 청각세포가 느낄 수 있는 소리의 진동은 20~20,000헤르츠며, 이 영역 밖의 소리는 사람이 들을 수 없어 초음파라고 부른다. 귓바퀴에 모인 소리는 바깥귀길을 지나 고막을 진동하고, 이어서 가운데귀의 귓속뼈(청소골)를 거쳐 속귀의 달팽이관에 이르며, 달팽이관 속의 림프액이 진동하며 청각세포를 자극하여 대뇌의 청각 중추에서 소리를 인식하게 된다. 여기서 하나 눈여겨볼 것은 처음에는 공기(기체)를 타고 들어온 음파가 귓속의 뼈(고체)를 지나고 나중에는 림프액(액체)으로 흐른다는 것이다. '삼체'가 모두 청각에 관계한다! 알고 보면 우리도 물고기와 마찬가지로 물속에서 소리를 듣고 있는 셈이다!

바깥귀는 귓바퀴와 바깥귀길(外耳道)을 아우른다. 귓바퀴는 탄력성이 강하고 질긴 섬유성 연골이고, 바깥귀길은 고막에 이르는 삐뚜름한 'S' 모양의 관을 말한다. 이 관의 길이는 25~35밀리미터, 지름은 7~9밀리미터쯤 된다. 여기에 끼는 귀지는 바깥귀길에서 분비한 지방과 먼지가 모인 것으로, 바싹 마른 건성귀지를 가진 사람과 물렁한 습성귀지를 가진 사람이 있다. 늘 매트 바닥에 귀와 뺨을 문지르는 레슬링 선수의 귓바퀴는 두터워지거나 뒤틀려 반반한 사람이 없으니, 이를 일러 '레슬러의 귀'라 한다. 그리고 귀나 코는 연골이라 혈관 분포가 적어 온도가 낮다. 특히 귓불은 연골조차 없고 지방으로만 되어 있어 거기에 구멍을 뚫어 귀고리를 한다.

특히 귓바퀴는 포유류에게만 있다. 귓바퀴는 음파를 모으고 소리의 방향을 인지한다. 긴 세월 귓바퀴를 움직이지 않고 쉽게 고개 돌려 소리를 들어 와 흔적기관으로 남았지만, 귓바퀴를 움직이는 사람이 있으니 자꾸 연습하면 가능하다 한다. 귓바퀴의 모양과 크기는 사람에 따라 개인차가 크며, 귓바퀴가 숫제 없거나 아주 작게 태어난 아이들이 더러 있어 갈비뼈의 연골을 이식해 왔는데 요즘에는 쥐 등에다 사람 귀를 키워 그것을 떼어 붙이는 성형수술을 한다. 우리는 귓불이 축 처진 '부처님 귀'를 복귀라 하여 알아준다. 그러나 서양 사람들은 귀가 크거나 뾰족 선 사람을 바보로 취급하여 '당나귀 귀(Donkey ear)'로 비유한다.

가운데귀는 고막(귀청), 고실, 귓속뼈, 귀관으로 구성된다. 귓바퀴에 모인 소리는 두께가 0.1밀리미터인 탄력성이 있는 고막을 진동하는데, 고막 안쪽에 옴팡 들어간 작은 공간이 고실鼓室이다. 고막에서 속귀의 달팽이관까지 연결된 세 개의 뼈를 귓속뼈라고 하며, 이소골耳小骨 혹은 청소골聽小骨이라고도 한다. 귓속뼈는 망치를 닮은 망치뼈, 대장간에서 불린 쇠를 올려놓는 받침을 닮은 모루뼈, 말 탈 때 두 발로 디디는 것을 닮은 등자뼈 세 개인데, 등자뼈는 우리 몸에서 가장 작은 뼈다. 음파는 귓속뼈을 지나면 여섯 배로 증폭하여 '귀가 번쩍' 뜨인다. 3~4센티미터의 귀관(유스타키오관)은 가운데귀에서 코쪽의 코인두에 이어지는데, 보통 때는 닫혀 있으나 음식을 삼키거나 억지로 힘을 주면 쫙 열린다. 중이염 등으로 귓속뼈가 기능을 제대로 못하면 인공뼈로 대신하는 수술을 한다.

마지막으로 속귀는 몸의 회전을 느끼는 반고리관과 기울기를 감지하는 안뜰기관인 평형기관과 청각에 관여하는 달팽이

관으로 이루어져 있다. 세 개의 반고리관은 반지처럼 생긴 관으로 안에는 림프액이 차 있다. 전정기관 안에는 이석耳石이 들어 있으며, 그 밑에 역시 미세한 감각털이 있어 몸을 기울면 이석이 흘러내려 감각모를 눌러 몸이 기울어지는 것을 안다. 등자뼈가 달팽이관의 난원창과 연결되어 있어 음파가 달팽이관 속의 림프액을 진동하면서 청신경을 자극하면 대뇌의 청각 중추에서 소리를 감각하게 된다.

한번은 이비인후과 의사인 제자에게 된통 핀잔을 들었다. 집사람이 성가신 만성중이가려움증에 걸려 자문을 구했더니만 돌아오는 말이, "선생님, 귓구멍에는 자기 팔뚝보다 작은 물건은 절대로 넣지 말라 합니다"라고 퉁을 준다. 쌤통이다. 나는 '귀가 따갑도록', '귀에 딱지가 앉고', '귀에 못이 박히도록' 면봉으로 귀를 후비지 말라고 이야기했건만 집사람은 내 말을 '귀 밖으로 들으니' 마이동풍馬耳東風이다. 말을 잘 알아듣지 못하는 사람을 꾸짖어 "귀에다 말뚝을 박았나", "귓구멍에 마늘쪽 박았나"라고 한다지. 올해 정월 대보름날에도 분명 귀밝이술을 한잔 같이 했건만……

역사에 바쁜 벌은
슬퍼할 틈조차 없다

벌은 뭐니 뭐니 해도 참 부지런하다. 개미도 그렇지만 꼭두새벽에 시작한 역사役事가 땅거미가 져야 끝난다. 사음수성독 우음수성우蛇飮水成毒 牛飮水成乳라고, "같은 물이라도 뱀이 먹으면 독이 되고, 소가 마시면 젖이 된다"고 했다. 그럼 벌이 이슬을 빨면? 꿀이 된다! 똑같이 시간이라는 물을 받아먹고 살면서도 성공한 사람과 실패한 이가 갈리니, 전자는 부지런하였으나 후자는 게을렀던 탓이며, 실패의 반은 게으름에 있다 한다. "역사에 바쁜 벌은 슬퍼할 틈조차 없다"고 한다! 또 "벌이 역사하듯"이란 여럿이 손을 모아 바지런하게 일하는 모양을 이르는 말이며, '하루하루를 인생의 마지막 날처럼 살아가는' 꿀벌에게서 한 수 배운다.

벌은 개미와 함께 벌목에 들며, 날개가 얇고 투명하여 막시목膜翅目이라고도 한다. 꿀벌, 땅벌, 말벌, 쌍살벌, 호리허리벌 등 세계적으로 2만 종이 넘는다고 한다. 그래도 벌 하면 으레 꿀벌을 떠올린다. 꿀벌은 크게 토종벌 *Apis cerana*과 양봉 *Apis mellifera*, 인도 최대종 *Apis dorsata*로 나누며, 세상에는 30종이 넘는 꿀벌이 살고 있다 한다. 재미나는 것은 토종벌은 일대일로 싸우기를 좋아하는데 양봉은 '벌 떼'처럼 떼거리로 달려든다. 덩치도 크지 않은 토종벌 한 마리가 어찌 양봉 여러 마리를 대적한단 말인가. "벌집 쑤셔 놓은 것 같다"는 속담은 벌통을 건드려 벌들이 있는 대로 몰려나와 온통 난장판이 되어 어수선함을 이른다.

꿀벌은 여왕벌, 일벌, 수벌이 분업하면서 계급제도의 체계를 지키며 사회생활을 하는 곤충이다. "벌도 법이 있지"라 하니 이는 인간 사회의 무법함을 이르는 말이다. 그런데 꿀벌 한 통에 5~8만 마리가 욱실거리고 있으니 한 가족 치고는 엄청나게 많지 않은가. 여왕벌은 한 집에 오직 한 마리가 있는데 새끼들 가운데 일부러 왕유王乳만 따로 먹인 벌로서 평생 알을 낳는다. 봄철에는 하루에 2000~3000개, 1년에 40만 개를 낳는다. 일벌은 수정란이 발생한 것으로 유전적으로 여왕벌과 같으나 산란관이 퇴화하여 봉침蜂針으로 바뀌었고, 약 6

주 동안 꿀 모으기, 집 짓기, 청소하기, 새끼 돌보기 등 줄곧 일만 하다가 일생을 마친다. 수벌은 미수정란이 발생한 것으로 염색체 수가 다른 것의 반이다.

갓 태어난 어린 여왕벌은 날씨와 풍향을 잘 챙겼다가 이때다 하고 나들이를 간다. 다른 집 수벌들도 꼬마 여왕벌이 내뿜는 페로몬 냄새를 맡고 들떠, 서둘러 날아와 10미터 높이쯤 되는 공중에서 무리 지어 짝짓기를 하는데, 저정낭貯精囊에 정자가 가득 찰 때까지 여러 수벌과 짝짓기 한다. 평생 알만 낳는 '알 낳는 기계'인 여왕벌의 숙명을 어떻게 봐야 할까? 그러나 모든 생물의 끈질긴 종족보존 본능 하나는 알아줘야 한다. 사람도 예외일 수 없는 것.

꿀벌 암수의 성은 성염색체가 결정하지 않는다! 한가득 받아 놓은 저정낭의 주머니 아가리를 꽉 닫아 놓고 알(n)을 낳으면 그 미수정란(n=16)이 혼자서 발생하여 반수체半數體인 수벌이 되니 이런 것을 처녀생식處女生殖이라 한다. 수벌의 염색체는 다른 여왕벌이나 일벌 염색체(2n=32)의 반이다. 그런데 여왕벌이 저정낭을 열고 알을 낳으면 정자가 흘러나와 난자와 수정하여 배수체倍數體인 수정란이 되고, 그것이 발생하여 유전적으로 똑같은 여왕벌과 일벌이 된다. 그리고 나서 이다음에 묘한 일이 벌어진다! 처음 3일은 일벌이나 여왕벌이 될 애벌레 모두 왕유를 먹지만, 그다음에는 여왕벌이 될 애벌레에게는 최상급 먹이인 왕유를 먹이고, 일벌 애벌레에게는 하나같이 잡스런 꽃가루나 꽃물 또는 허름한 묽은 꿀 같은 허접스런 것을 먹인다. 호의호식, 호강하는 여왕벌은 재빨리 자라서둘러 번데기로 변하고 벼락같이 성적으로 성숙한다. 당연히 여왕벌이 기거할 집은 왕대王臺라 하여 보통 것보다 넓고 깊다. 무섭다. 잘 먹고 남다른 보살핌을 받은 것은 여왕벌이 되고, 그렇지 못하고 박대 받은 것들은 평생 일이나 해야 하는 못난이 일벌이 되다니! 언제 어디서나 늘 말하지만 "삼대를 잘 먹어야 장골이 난다!"고, 사람이나 벌이나 어릴 때의 양생養生이 평생의 건강을 좌우한다는 것.

여왕벌은 수벌과 짝짓기하거나 새 가정을 이루기 위해 집을 나설 때를 빼고는 늘 구중궁궐九重宮闕에 머문다. 여왕벌은 수명이 3~4년이며, 늙어 가면 저정낭에 모아 놓은 정자가 없어지면서 미수정란을 낳기 일쑤라 양봉가들은 1년만 지나면 여왕벌을 갈아 치운다고 한다. 그러나 그렇게 하지 않아도 절로 새 여왕벌이 생긴다. 새끼를 더 칠 집이 없어져 여왕벌이 일벌을 데리고 나갈 때가 됐거나, 여왕벌이 늙어서 여왕 페로몬을 충분히 분비 못하게 되었거나, 여왕벌이 갑자기 죽었을 때다. 그런데 살림 차려 나가는 여왕벌은 새끼 여왕벌이 아니고

산전수전 다 겪은 백전노장인 어미 여왕벌이렷다! 세상살이에 서툰 자식은 본가에 두고 자기가 험한 길을 나선 어미 여왕벌! 두루 섭렵하여 살 만한 곳을 미리 눈독 들여 놓은 곳이 있었기에 날아간 것이 아닐까? 그게 자못 궁금하도다.

몹시 나부대거나 날뛰는 사람 혹은 말대꾸도 없이 오자마자 곧 가버리는 사람을 비꼬아 "벌에 쏘였나", "벌쐰 사람 같다"라 한다. "꿀은 달아도 벌은 쏜다"고 좋은 것을 얻으려면 거기에는 그만한 어려움이 따르며, 어설프게 건드렸다가는 봉변을 당하게 마련이다. 암컷인 일벌의 산란관이 변해 독샘과 독침이 된 것이므로 수컷은 벌침이 없다. 꿀벌은 다른 동물을 한방 쏘고 나면 바로 죽는 끝장 승부를 본다고 들었는데 꼭 그렇진 않다고 한다. 다른 벌 무리와 달리 벌침에는 낚시 미늘 같은 가시가 많이 나 있어 상대를 쏘면 꿀벌 몸에서 빠져버리고 만다.

그런가 하면 방어 무기가 없는 거무스름한 수벌은 몇 안 되며, 꿀을 따러 가지도 않고 팽팽 놀다가 이른 봄 여왕벌과 혼인비행을 하고는 퍼뜩 죽어버린다. 그래도 그놈들은 정자나 남기고 죽었으니 행운아다! 여태 집에서 빈둥거리던 놈들은 늦가을이면 전부 쫓겨나 굶어 죽고 만다. 불현듯 가슴이 철렁한다. 눈칫밥 얻어먹다 고려장을 당하는 낙오자 수벌의 신세가 홀연히 마르고 핼쑥해진 이 늙정이로 비치는 까닭은? 웃을 수도 울 수도 없는 노릇이라……. 아니다. 원숭이나 사자, 코끼리도 늙은 수놈은 무리에서 쫓겨난다. 모두 자연의 법칙이요. 순리렷다!

벌집에 낳은 알이 애벌레로 까이면 유모 일벌들이 애지중지 키우는데, 1주일쯤 지나 번데기가 되면 벌집 입구를 틀어막는다. 이어 다음 1주일이 지나면 어른벌레가 되어 나온다. 갓 깬 새끼 일벌은 처음 열흘은 집 청소를 하거나 새끼를 돌보다가 16~20일 뒤에는 꽃가루를 받아 집을 짓고, 꿀물을 벌집에다 꾹꾹 눌러 담는 일을 한다. 벌은 대충 일하는 법이 없고 꼼꼼하기 그지없다. 20일이 지나면 생전 처음 집을 나서니, 번개처럼 동분서주하며 꿀과 꽃가루 모으기로 평생을 보낸다. 그 힘든 일을 부지런히 하는 것은 누가 시켜서 하는 것이 아니라 제가 맡은 일을 제가 알아서 하는 것이다.

꽃은 식물의 생식기다! 동물은 그것을 사타구니에 숨겨 두거나 몸 안에 넣어 두는데, 식물은 덩그러니 바깥에 드러내 놓았고, 동물을 끌어들이려고 오만 가지 향기에다 더없이 달콤한 꿀을 만들어 놓는다. 세상에 가짜는 많아도 공짜는 없다! 벌레들이 꿀물을 얻는 대가로 꽃가루를 옮겨주니 하는 말이다. 저 아래 꽃 꿀샘에 숨겨 둔 꿀을 빨려면 벌은 몸을 깊숙이 집어넣어야 하며, 그때 꽃밥의 꽃가루가 온몸에 가득 나 있는 부숭부숭한 털에 잔뜩 들러붙기 마련이다. 그러나 벌은 꿀을 따면서 절대로 꽃을 다치게 하지 않는다. 고마움을 아는 곤충이다.

그나저나 벌이 밀원蜜源이 있는 곳을 어찌 알고 달콤한 꿀을 따러 가는 것일까? 꿀벌은 몸짓으로 말한다. 1973년에 프리슈 Karl von Frisch는 천신만고 끝에 얻은 벌들의 행동 연구로 노벨 상을 받는다. 어떻게 벌들이 서로 정보를 교환하는가에 대해 호기심과 의문을 가지고 집요하게 헤쳐 나간 덕에 큰 상을 받는다. 꿀벌들이 어떻게 멀찌감치 있는 곳의 꽃을 귀신같이 찾아갔다 허겁지겁 제 집으로 되돌아온단 말인가? 프리슈는 벌들이 좀 색다른 짓을 하는 것을 알게 되었다. 얼마 전 마수걸이 꿀과 꽃가루를 따 온 친구 몸에서 꿀 냄새와 꽃향기가 흠뻑 풍긴다. 그 친구 둘레에 여러 친구들이 모여들고, 그 녀석은 엉덩이를 흔드는 '꼬리 춤(Waggle dance)'을 '8' 모양으로 그리고 있다. 어라! 필시 무슨 까닭이 있으리라. 분명 친구들의 꿀 따기를 재촉하는 것이리라. 어떤 때는 빠르게 또 어떤 때는 느릿느릿 '8' 모양으로 돈다! 두리번거리며 딴청을 부리던 놈들도 얼마 동안 차갑게 쳐다보고 있다가 알았다는 듯이 머뭇거림 없이 후딱 내뺀다. 이윽고 프리슈는 꿀벌이 꽃의 방향과

거리를 친구에게 알리고 있다는 것을 읽게 되었다. 만일 꼬리를 아래위로 빠르게 오르락내리락하면 태양 있는 쪽에 꽃이 있고, 태양 방향 60도로 가면서 춤을 추면 그쪽에 꽃이 있다! 이따금 원무圓舞를 추니, 3초 만에 한 바퀴를 돌면 먹이가 1킬로미터 근방에, 아주 천천히 8초가 걸리면 8킬로미터 근방에 꽃밭이 있는 신호라는 것. 이렇게 꿀벌들이 춤을 추는 방향과 속도에 비밀이 있음을 밝혀냈다.

말하자면 이렇게 우리 주변은 온통 눈을 휘둥그레지게 하는 앙증맞은 비밀스러움으로 빼곡히 둘러싸여 있으니 독자들도 자연의 신비로움에 호기심을 가져볼 것이다. 아는 만큼 보이고, 보는 만큼 느낀다고 하지 않는가. 자연에 흐드러지게 숨어 있는 비밀이 곧 자연법칙이니 하는 말이다. 사랑하면 보인다고 한다. 밉게 보면 잡초 아닌 것이 없고, 곱게 보면 꽃 아닌 것이 없다 하니……

산 입에 거미줄 치랴

겉보기와 달리 재주가 있다 할 때 "거미는 작아도 줄만 잘 친다" 하고, 재주만 믿고 행하지 않으면 "거미도 줄을 쳐야 벌레를 잡는다"고 한다. 옳다구나. 부지런하지 않고 행복한 자 있으면 나와 봐라. 게으름은 만병의 뿌리다. 어떤 거미는 하루에 다섯 번이나 먹이그물을 걷어치우고 새 그물을 친다 한다. 사람 같으면 하루에 토끼 네댓 마리를 먹는 것에 해당하는, 제 몸무게의 15퍼센트 정도를 먹는 놈이기에 단백질인 거미줄을 되먹는다. "하루 일하지 않으면 하루를 굶어라"고 한다. 보통 하루가 지나면 거미줄이 말라 끈적이지 않기에 걷어 버리고 해거름 때가 되면 새로 집을 짓는다. 거미는 이른 아침과 해질 무렵에 주로 활동하는데, 속설에 "아침 거미는 재수 있

다" 하여 대접을 받는 데 비해 "저녁 거미는 재수 없다" 하여
천대를 받는다.

어부는 물에다 그물을 치고 거미는 하늘에다 줄을 맨다. 높
다란 나무나 전봇대 사이에 커다란 거미집이 올려 있다. 어떻
게 저 높은 곳에 저렇게 얽어 놨을까? 영리한 거미는 미풍을
이용한다! 일단 한쪽 나무 끝에 기어 올라가서 번지점프를 하
듯 꼬리에 실을 매달고 공중에 흔들흔들 떠 있다. 물론 다리를
쫙 벌려 부력을 높이면서 바람 맞을 준비를 하고서 말이다. 왔
다갔다 흔들리던 몸이 바람을 등에 업고 저쪽 나무에 날아가
닿으면 잽싸게 나뭇가지를 움켜잡는다. 이렇게 두 나무 사이
에 밧줄이 단단히 매어지게 된다! 도무지 이해하기 어려운 거
짓 행위를 두고 "거미줄로 방귀 동이듯" 한다는데, 정말로 믿
기 어려운 기발한 재주를 부리는 거미다. 이는 바람이 거미가
멀리 퍼지는 데에 얼마나 중요한가를 짐작케 한다. 거미뿐만
아니라 대부분의 곤충이 이 바람 작전을 쓰니, 필자도 경험한
일이지만, 바람이 세게 부는 날에는 난데없이 무당벌레가 온
감자밭을 뒤덮는다. 나비도 바람 타고 강을 건너간다.

"거미 줄 따르듯"이란 서로 밀접한 관계가 있어서 떨어지지
않고 따라다닌다는 말이 아닌가. 거미의 건축술은 알아줘야
한다. 아까 본 바람 탄 거미는 어느새 이리저리 자전거 바퀴

살 꼴로 뼈대 줄(날줄) 여럿을 사방팔방으로 편다. 그리고 팔을 걷어붙이고는 그 위를 뱅글뱅글 돌면서 동심원의 실(씨줄)을 쳐 나간다. 날줄에 이르면 뒷다리로 실을 꼭 눌러 씨줄에 눌러 붙이고 다음 씨줄에도 야무지게 누르면서 실을 엮어간다. 무척이나 재빠르고 능숙하니 집 하나를 마무르는 데 족히 한 시간이면 충분하다. 아무리 타고난 본능이라 하지만 거미가 새뜻한 집을 짓는 것을 올려다보고 있노라면 정녕 놀랍다. 다 끝나면 여기저기 둘러본 뒤에 중심으로 엉금엉금 기어가 줄줄이 여덟 다리를 쭉 펴 걸치고 머리를 아래로 둔 채 자리를 잡는다.

거미 눈은 있으나마나 하여 주로 다리에 있는 3000개가 넘는 진동감각기로 주변에 어떤 일이 일어나는가를 알아낸다. 거미는 은밀한 곳에 숨어 먹잇감이 걸려들 것을 숨죽인 채 학수고대하고 있다. 오래 참음과 기다림에 익숙한 거미는 긴장을 늦추지 않고 발 하나를 줄에다 턱 걸쳐 놓고 있으니 이것이 신호줄 또는 설렁줄이다. 거미집에 가까이 가서 거미줄 하나를 살짝 퉁겨보면 예민한 반응을 보인다. 벌레가 거미줄에 걸리면 거미줄에 진동이 일어 그 떨림은 신호줄에 즉시 전해지고, 진동을 느낀 거미가 들입다 재우쳐 달려 나온다. 그런가 하면 이렇게 공중에다 널따랗게 집을 짓는 놈은 전체 거미의 3분의 1 정도다. 나머지 땅거미는 깔때기 모양으로 덫 집을 지어놓고 그 안에 숨어 있다가 먹잇감이 구덩이에 빠지면 재빨리 뛰어나와 덮친다. 어떤 놈은 허방 위에다 많은 실로 너스레를 걸쳐 놓아 안심하고 벌레들이 지나가다 툭 빠지게 해 둔다.

거미줄은 약하고 잘 끊어지기에 흔히 하나마나 별 효과가 없는 일을 할 때를 일러 "거미줄에 목맨다"고 하지만 곤충에게 그것이 교수대의 포승줄이다. 곤충은 거미를 제일 무서워한다. 거미는 일단 먹이가 줄에 걸리면 휘적휘적 달려가서 다리로 뱅글뱅글 돌려가면서 꽁꽁 묶고, 허기지면 당장 먹어 치운다. 배부르면 보쌈한 것을 물고 가서 숨겨 놓거나 집 가운데에 매달아 둔다. 보통은 깨물지 않고 실로 헐레벌떡 감아 버리지만 나비나 나방같이 몸에 비늘이 있어 도망가기 쉬운 것은 일단 깨물어 독액으로 마비시키고는 똘똘 동여매 갈무리한다. 이때 사용하는 실은 집을 지을 때와는 다르다. 여러 줄이 동시에 나오는데 얇은 거즈 같다. 그런데 거미줄에 먹잇감이 걸렸다고 모두 다 제 것이 되는 게 아니다. 줄에 걸린 녀석들은 '고통의 멍에'를 벗어나기 위해 죽을힘을 다해 바둥거리니 걸핏하면 줄을 자르고 부랴부랴 내빼는 것이 80퍼센트가 넘는다. 집파리만 해도 어쩌다 5초 안에 잡지 못하면 도망간다. 그래서 거미가 그렇게 잽싸게 행동하는 것이리라. 야, 하마터면 놓칠 뻔했다!

그런데 어떻게 거미는 끈끈한 실에 제 다리가 달라붙지 않을까? 거미줄이 끈적거리는 것은 씨줄에 점도 높은 현미경적인 작은 구슬들이 달려 있기 때문이다. 거미의 진짜 사냥 비결은 먹이를 잡는 데 쓰는 '씨줄'에 숨어 있다. 흔히 우리는 거미줄은 모두 끈적거릴 거라고 생각하지만 날줄은 나일론실처럼 매끈하고, 씨줄만이 끈적거려 곤충이 꼼짝달싹 못한다. 자세히 관찰하면 거미가 그물 위를 어슬렁거릴 때 날줄만 밟지 진득한 씨줄은 건드리지 않는다는 것. 그러나 거미가 씨줄 위를 걸어도 들러붙지 않는 것은 거미발에서 나오는 기름 때문인데, 이 기름을 벤젠으로 닦아 내면 자기가 친 씨줄에 들러붙는 사고가 난다. 이 밖에도 거미줄에는 다른 곤충이 잘 보지 못하는 비밀이 숨어 있다.

거미는 여섯 개의 실샘(견사선)에서 서로 성질이 다른 실을 만들며, 방적돌기에서 그 실을 뽑는다. 실의 주성분은 아미노산(단백질)으로 실샘 속에 있을 때는 액체며 방적돌기에서 나오면서 공기를 만나 수소결합하여 단방에 아주 단단해진다. 방적돌기에서는 실의 두께와 점도와 속도를 조절하니 만일 거미 몸에 중력을 가하면 두꺼운 실을, 무중력 상태에 두면 아주 가는 실을 뽑는다고 한다. 기차게 재주꾼인 거미를 알아줘야 한다. 거미줄은 아주 탄력성이 좋아서 네 배까지 늘어날 수가 있고, 뼈보다 단단하고 강철이나 나일론보다 질기다고 하지 않는가. 그래서 거미줄과 같은 실을 개발하여 방탄조끼를 만들고 낙하산을 짓겠다는 야심에 찬 연구를 하고 있는 것이다. 연필 굵기의 그물이면 점보제트기도 멈추게 할 수 있다고 한다.

한편 집 짓기는 암놈이 한다. 수놈은 빈둥거리며 오직 암놈 근처에서 서성거린다. 일반적으로 암컷은 무지하게 커 보이고 수컷은 아주 작아서 딴 종으로 생각할 정도다. 어떤 종은 고작 암놈의 1퍼센트에 지나지 않는다고 한다. 커다란 거미집 한가운데에 암컷이 한갓지게 거꾸로 매달려 있고 저 멀리 집 끝자락에 꼬마 어리보기 거미가 있으니 그놈이 수놈이다. 그나마 짝짓기를 끝내면 벌렁 나자빠져 죽거나 아니면 짝짓기하다가 암놈에게 잡아먹힐지도 모른다. 보통 수컷의 60퍼센트가 잡아먹힌다고 하는데, 이런 것을 '동종포식同種捕食'이라 한다. 사마귀 수컷이 그렇듯이 사무치게 이 한 몸 바쳐 어엿한 마누라 사랑, 멋스런 자식 사랑을 하는 것이다. 미물들의 부질없는 짓이라고 마냥 치부할 일이 아니다.

수놈 거미는 따로 교미기가 없고, 머리에 있는 제2부속지인

각수脚鬚가 변형하여 거기에 정자를 모아두니 이것이 교미기다. 짝짓기가 가까워 오면 수놈은 특수한 '정자 집'을 만들어 정액 한 방울을 거기에 떨어뜨리고, 그것을 각수로 잡아당겨서 암놈의 질에 집어넣는다. 대부분의 수놈은 암놈이 쳐 놓은 실의 페로몬 냄새를 맡고 같은 종인지, 성적으로 성숙하였는지, 짝짓기 준비가 된 놈인지 바로 알아낸다. 다 쉽게 짝을 찾게 되어 있다는 말이다.

이렇듯 거미 종류가 많다 보니 암컷에 목매는 구애 방법도 여러 가지다. 어떤 종은 암놈을 만나면 홀리고 뭐고 없이 막무가내로 달려들어 억지로 대뜸 짝짓기를 해버린다. 그런가 하면, '정자 집'을 끄집어내어 율동적으로 흔들어 대는 놈, 다리로 암놈을 톡톡 찝쩍거리거나 세차게 치는 놈, 각수를 암놈 앞에서 흔드는 녀석, 마른 이파리를 부드럽게 두드려 소리를 내어 짝을 꾀어내는 녀석 등 정말 다양하기 그지없다. 다음 녀석을 보라! 암놈을 봤다면 버럭 달려들어 줄로 또르르 돌돌 말아 버린다. 암놈은 얼마든지 도망칠 수 있지만 짝짓기가 끝날 때까지 모른 척하고 가만히 있다. 이따금 요렇게 내숭 떠는 암거미! 또 어떤 녀석은 벌레를 잡아서 실로 말아서 그것을 암놈에게 선물한다. 그러고는 암놈이 그것을 먹는 동안에 짝짓기를 끝낸다. 그런데 야만적인 수놈도 있으니, 잡아먹히는 것이 겁나서 짝짓기하는 동안에 암놈의 턱을 물어서 못쓰게 만들어 버린다.

어쨌든 짝짓기로 씨를 받은 암놈은 바쁘게 알을 담을 주머니 만들기에 온 힘을 쏟아붓는다. 거기에 수정란을 몇 개에서 수천 개를 넣기도 하고, 주머니를 여러 개 만들어 몇 개씩 나누어 넣기도 한다. 알주머니는 일반적으로 두루뭉술하고, 그것을 돌이나 나뭇가지에 붙이고 거미줄로 덮어 쟁여 둔다. 핼쑥하게 야윈 어미는 거지반 산란이 끝나면 안타깝게도 시나브로 힘이 빠져 죽어 버리지만, 어떤 놈은 알이 깬 뒤에 새끼를 보살핀다. 이렇게 여기저기에 알집을 붙여두니 "거미 알 슬듯"이란 말이 생겨났다. 또 어떤 녀석은 알주머니를 꼬리에 달고 다니다가 알을 까고 새끼가 나올 즈음이면 이빨로 알주머니를 물어뜯어서 새끼들을 흘러나오게 하니, "거미 새끼 풍기듯", "거미 새끼 흩어지듯(헤어지듯)"이란 말이 생겨난 것이리라. 새끼 풍기는 것을 보면 장관이다! 알집에서 쏟아져 나온 수많은 새끼 거미가 제 살길을 찾아 온 사방으로 좍 흩어져 나가는 것을 나도 자주 보았다.

"산 (사람) 입에 거미줄 치랴"란 까짓것, 사람이 굶어 죽으란 법 없다는 뜻이렷다. 거미는 벌레를 잡아먹는 익충이며, 어느 기록을 보면 많은 경우 밭 4만제곱미터에 200만 마리나 되는 거미가 살고 있다고 한다. "논거미를 죽이면 하느님이 재앙을 내린다"고, 예부터 우리 농경민족은 거미를 신성시하였다. 만약 거미를 죽이면 다음 겨울은 굶주린다고 믿었고, 벼논에 거미줄이 많으면 풍년이 들고, 없는 해에는 흉년이 들어 겨울에 양식이 없어 굶는 것으로 생각했다. 옛날 거미는 '농약'이었던 것. 지금은 거미를 '천적 곤충'으로 대량 사육하여 비닐하우스 같은 시설 작물 재배에 풀어 놓는다. '천적 농법'인 것이다. 거미야, 앞으로 우리 사이좋게 잘 지내자꾸나.